EXERCICES NUMÉRIQUES

ET GRAPHIQUES

DE MATHÉMATIQUES

53914 PARIS. — IMPRIMERIE GAUTHIER-VILLARS ET Cⁱᵉ,

55, quai des Grands-Augustins.

L. ZORETTI
PROFESSEUR A LA FACULTÉ DES SCIENCES DE CAEN.

EXERCICES NUMÉRIQUES

ET GRAPHIQUES

DE MATHÉMATIQUES

SUR LES

LEÇONS DE MATHÉMATIQUES GÉNÉRALES

DU MÊME AUTEUR

PARIS,

GAUTHIER-VILLARS ET Cie, ÉDITEURS

LIBRAIRES DU BUREAU DES LONGITUDES, DE L'ÉCOLE POLYTECHNIQUE,

Quai des Grands-Augustins, 55.

1914

AVANT-PROPOS.

CONSEILS. — DIRECTIONS GÉNÉRALES.

S'il est une opinion qui a la bonne fortune de recueillir l'unanimité chez les personnes qui s'intéressent à l'enseignement supérieur, c'est bien celle d'après laquelle les cours de mathématiques générales ne peuvent être utiles que s'ils sont accompagnés de nombreux exercices. Mais, malheureusement, il est plusieurs façons d'entendre la nature de ces exercices, et je suis loin d'être convaincu que toutes soient également profitables.

La conception qui a prévalu jusqu'ici est celle que les Facultés ont héritée de l'enseignement des mathématiques spéciales. Il n'y a rien là d'étonnant : nos professeurs de mathématiques générales sont tous anciens élèves des classes de spéciales; beaucoup sont anciens professeurs des mêmes classes; quelques-uns donnent en même temps les deux enseignements. Or, rien n'est plus difficile que de se débarrasser de cette tunique de Nessus que revêt quiconque a vécu quelque temps dans l'atmosphère des classes de mathématiques spéciales, si bien nommées; je ne crois pas qu'il y ait de meilleur exemple d'un enseignement de jeunesse qui risque de vous marquer pour la vie entière. Il faut un réel effort de volonté pour s'en débarrasser. Je ne suis certes pas le premier à faire ces remarques, et je sais que nombreux seraient ceux de mes collègues qui protesteraient si je prétendais, ce dont je me garde, qu'ils sont restés « taupins ». Mais autre chose est de savoir si, dans l'enseignement des mathématiques générales, quelque chose n'est pas resté dont l'origine soit là, et si ce quelque chose est défendable, étant donné le but poursuivi. Et c'est justement dans le choix des exercices que cette réminiscence est le plus facilement saisissable.

Prenons par exemple la liste des problèmes donnés dans les diverses Facultés pour l'obtention du certificat de mathématiques générales : qu'il s'agisse d'épreuve théorique ou d'épreuve pratique, nous reconnaissons dans le problème une vieille connaissance ; c'est toujours le problème de concours, genre grandes écoles ou agrégation, en n parties dont chacune se déduit des précédentes, dont la troisième est susceptible d'une élégante solution géométrique, et dont la cinquième se fait très simplement par l'emploi des coordonnées tangentielles. Un jour, il y a quelques années, un de mes collègues allemands, mathématicien de tout premier ordre, me disait, à propos des problèmes d'agrégation, que la plupart de ces énoncés bizarres l'embarrasseraient fort ; j'en fus, comme français, plus humilié que flatté, et n'eus d'autre défense que de lui affirmer que la plupart de ceux qui, à l'âge canonique, ont su le mieux démêler l'écheveau compliqué proposé à leur dextérité, éprouvent quelques années plus tard le même embarras que lui-même, faute d'entraînement, ayant eu depuis les épreuves scolaires d'autres préoccupations. Ce n'est pas ici le lieu de traiter cette question de nos concours français ; mais ce qu'il nous faut en tout cas nous demander, c'est ce que viennent faire de tels problèmes quand il s'agit de sanctionner un enseignement comme celui qui nous occupe. Je n'accuse personne, et d'ailleurs, si je le faisais, c'est par un *mea culpa* que je devrais commencer, car de tels énoncés, j'en ai commis. Mais vraiment, si les élèves ne savent pas traiter ces problèmes, qu'est-ce que cela prouve? et s'ils savent les faire, qu'est-ce que cela prouve encore? Si nous leur donnons de telles questions, c'est donc que nous les y entraînons toute l'année, et qu'ils ne font que des exercices de ce genre. J'ai bien le droit de dire alors que nous ne leur donnons pas ce qu'ils nous demandent, ce dont ils ont besoin.

En effet, que viennent-ils faire dans nos amphithéâtres de mathématiques, et que nous veulent-ils? Certes, leurs destinations sont diverses, mais il est au moins un caractère qui leur est commun, c'est qu'aucun d'eux n'est destiné à devenir un mathématicien de profession, au moins avec l'organisation actuelle de notre enseignement secondaire, et tant que dureront les privilèges de certaines écoles. Tous veulent poursuivre des études, relatives en général à des doctrines expérimentales, où les mathématiques jouent un grand rôle comme outil. En bonne règle, ils commencent donc par venir s'initier au maniement de cet outil. Notre devoir envers eux, dès lors, est très net : nous devons, en leur rendant les études aussi attrayantes que possible, leur faire acquérir, non pas superficiellement mais à fond, les notions essentielles, leur faire saisir l'origine toujours concrète, puis la signification précise des définitions, leur expliquer en quoi consistent les méthodes générales, leur indiquer enfin quelques résultats et quelques formules, en précisant ceux de ces résultats qu'il est commode de savoir par cœur, mais sans jamais exiger d'eux un effort trop grand de mémoire, car les livres sont là pour parer aux défaillances de celle-ci; au contraire, c'est un effort de réflexion et d'assimilation qu'il nous faudra leur demander; nous tâcherons aussi de leur donner de bonnes habitudes de langage et de précision, précision de la pensée et de l'expression.

Nos exercices devront concourir à ces résultats; ils seront à la fois éducatifs et pratiques. Nous tâcherons de mettre l'étudiant dans les conditions même et en présence des difficultés qu'il rencontrera dans la pratique. Point n'est besoin pour cela de fabriquer des énoncés empruntés à la discipline qui sera par la suite celle qui l'occupera : ce serait impossible à cause de la diversité des cas à prévoir. Mais nous donnerons quelques énoncés où les données seront obtenues par l'élève lui-même en effectuant des mesures qui n'exigent pas un dispositif expérimental compliqué, mesures de longueurs au pied à coulisse ou au palmer, ou au double-décimètre sur un dessin, en général maladroit, dont il sera l'auteur. Il verra ainsi, pour peu qu'il réfléchisse, comment se fait l'application des mathématiques dans les cas de la pratique, à partir de quel moment elles interviennent, et comment se doivent interpréter d'une façon concrète les résultats fournis par les formules qu'il vient d'appliquer. Bien entendu nos énoncés seront simples, aussi simples que possible; ce seront des applications immédiates des résultats appris au cours, et nous éviterons avec soin la multiplication des difficultés; nous multiplierons au contraire les rapprochements en traitant un même exercice de plusieurs façons différentes.

Enfin pour que nos exercices soient pratiques, il faut qu'ils habituent l'élève à ces difficultés qu'un cours théorique ne soupçonne même pas. Je laisse d'abord de côté les difficultés d'application des formules ambiguës, celles qui font intervenir des questions de sens : celles-là ne sont pas au fond très graves, et si l'étudiant intelligent hésite, c'est que son professeur est mauvais ; si la formule qu'on lui livre est convenablement préparée, il ne doit pas y avoir d'hésitation.

Il y a ensuite les difficultés de pur calcul : calcul numérique, calcul algébrique, calcul au trait. En sortant du lycée, l'élève ignore en général les trois ; les taupins connaissent uniquement le second ; il est évidemment fâcheux que ce soit l'enseignement supérieur qui ait pour tâche d'enseigner la division, le calcul mental, la construction du carré d'une longueur. Mais si la Faculté ne le fait pas, qui le fera ? c'est donc par là qu'il nous faudra commencer. Et surtout pas de hiérarchie ; le calcul numérique n'est pas au-dessous du calcul algébrique ; au fond il est bien moins facile ; il est surtout bien plus fréquent. Traitons-le donc avec l'importance qu'il mérite, et ne croyons pas déroger en en parlant.

Viennent ensuite la grosse question des approximations et celle non moins importante des unités. Ici encore, même ignorance originelle. Dans la patrie du système métrique, et après un bon siècle d'usage, le bachelier ignore ce que c'est qu'un nombre décimal, ce que signifient les chiffres dits *significatifs*, et notamment ce qu'il faut penser du dernier chiffre à droite et ce qu'il représente. Une formule d'erreurs est pour lui quelque chose d'ardu, à quoi il n'a rien compris, si on lui en a parlé. C'est une de mes joies — et de mes tristesses — de le constater tous les ans, au début de l'été et de l'automne. De même, le moindre changement d'unités les arrête ; ils ignorent le sens de ces représentations si fréquentes, et dont on leur a pourtant déjà parlé, de grandeurs de toutes espèces par des longueurs : vecteurs ou coordonnées. Je fis naguère construire à mes élèves, parmi lesquels d'anciens taupins à trois chevrons, le moment d'un vecteur par rapport à un point; les vecteurs étaient mesurés en centimètres; le calcul numérique du moment donnait le nombre 3oo; grand émoi chez les élèves : on ne pouvait construire le moment, il sortait de la feuille; personne n'avait l'idée de représenter les moments à une échelle réduite. Bien entendu, la plupart auraient brillamment exposé au tableau la théorie de l'axe central. Cependant, je crois avoir le droit de dire de ceux qui sont dans ce cas, que les choses dont ils parlent leur sont étrangères; évidemment ce n'est pas de leur faute, on ne les a jamais mis, en présence de la réalité. D'ailleurs, au bout de 2 ou 3 mois d'exercices de ce genre, ils n'éprouvent plus aucun embarras.

C'est dans l'esprit que je viens d'indiquer qu'est conçu le présent recueil d'exercices. Il est fait pour l'étudiant; je précise : pour l'étudiant qui travaille seul. Je sais que quelques Facultés ont une organisation de travaux pratiques pour les étudiants en mathématiques générales, et que ce n'est pas en général la bonne volonté des professeurs qui est cause de l'absence ou de l'insuffisance de cette organisation. Mais fort heureusement, cette organisation est assez simple pour que les étudiants puissent la prendre à leur charge, en attendant mieux. Ce Livre doit être un guide suffisant. Je me suis préoccupé, en le rédigeant, de résoudre quelques-unes des difficultés que rencontrera celui qui, sans maître, en abordera l'étude. J'ai cherché à éviter les tâtonnements; si l'étudiant en rencontre encore, qu'il ne se décourage pas, qu'il réfléchisse, essaie de s'assimiler les parties du cours dont il n'aurait pas fait une étude suffisante ; le temps qu'il passera à tâtonner ainsi n'est pas du temps perdu, c'est, au contraire, le moment le plus fructueux de son travail ; les choses ainsi apprises sont sues pour la vie. En tous cas, je lui réponds du résultat : qu'il fasse en s'inspirant des conseils ci-après un bon nombre des exercices de ce Livre ; qu'il y ajoute les exercices de calcul algébrique qu'il trouvera, par exemple, au cours des Chapitres, dans mes *Leçons de Mathématiques générales*. Je puis lui promettre que, dans la suite de ses études, il sera outillé d'une façon suffisante au point de vue mathématique. Certes, il ne saura pas tout ! Peut-être même les nécessités de sa carrière l'amèneront-elles plus tard à compléter sa documentation sur certaines questions d'ordre élevé ; mais c'est sans appréhension qu'il abordera dans ce cas les ouvrages où elles sont traitées.

Il devra commencer par acquérir le matériel nécessaire. La partie la plus coûteuse consiste en matériel de dessin que l'élève possédera déjà certainement en grande partie : compas, règles, équerres, planche à dessiner. Le té, les équerres en celluloïd sont particulièrement à recommander. Il verra dans ce Livre comme il est facile de fabriquer soi-même bien des instruments commodes, avec du carton souple, des cartes de visite. Pour le papier à dessin, qu'il demande les catalogues Morin, Cabasson, il n'aura que l'embarras du choix. Voici les divers genres de papier qu'il lui faut : papier bulle ou blanc, papier calque, pelure ou cuir pour calquer, papier quadrillé en millimètres, opaque et transparent, papier à échelles logarithmiques ou logarithmo-millimétriques. La plupart de ces papiers se vendent en rouleaux (les blocs sont plus chers), mais on n'usera pas un rouleau de chaque sorte.

Il sera indispensable d'avoir une règle à calculs, de préférence la règle dite *Mannheim*, à curseur, de 26^{cm} (10^{fr} ou 12^{fr}); une table de logarithmes à 4 ou 5 décimales. Un planimètre d'Amsler, modèle ordinaire, coûte une cinquantaine de francs. Mais rien n'empêche plusieurs étudiants de se cotiser pour réunir cette somme si elle dépasse les disponibilités de leur budget; et ils pourront encore s'offrir la joie de léguer l'appareil à leur Faculté à la fin de leurs études. Ainsi armés, ils peuvent aborder les exercices, qui, sauf un très petit nombre, n'exigeront rien de plus.

Il serait évidemment impossible de les faire tous, bien que j'en aie réduit le nombre autant que possible. L'élève choisira donc dans chaque série, presque au hasard, d'après le temps dont il disposera. Comme il y a dix-huit séries, il disposera de quinze jours environ pour la plupart d'entre elles, d'une semaine seulement pour les plus simples, c'est-à-dire celles qui lui sembleront telles. Mais l'exercice choisi devra être traité à fond, et précédé, accompagné plutôt, de lectures relatives aux parties du cours que les exercices ont justement pour but de lui faire apprendre, et qui sont indiqués en tête de chaque série. Il notera sur un cahier spécial ses résultats, ainsi que toutes les remarques que son travail lui aura inspirées. Il conservera les courbes qu'il tracera avec le plus grand soin, et qui, comme il s'en apercevra vite, lui seront utiles dans d'autres exercices, et lui feront gagner du temps. Bien entendu, il n'aura jamais de recul devant les calculs numériques, sans quoi il vaudrait mieux fermer le Livre pour toujours et changer de carrière; il en est encore lui seront utiles dans d'autres exercices et lui feront gagner du temps. Bien entendu, il n'aura jamais de recul devant les calculs numériques, sans quoi il vaudrait mieux fermer le Livre pour toujours et changer de carrière; il en est encore quelques-unes, de plus en plus rares, où les mathématiques sont inutiles. Qu'il songe, d'ailleurs, que ce qui fait l'ennui du calcul numérique, ce sont les multiplications, divisions, extractions de racines ; or, justement ses instruments de travail, règle et tables, lui évitent ces opérations. Par contre, il trouvera vite du plaisir au calcul numérique s'il prend l'habitude du calcul mental, qui donne si vite une valeur grossière du résultat, et qui vous fait immédiatement désirer améliorer l'erreur par un calcul écrit. Notamment, il ne devra jamais raisonner autrement pour obtenir la virgule d'un résultat, sans jamais appliquer les règles usuelles qui évitent la réflexion. Il perdra vite, s'il l'a, l'habitude de penser uniquement en algébriste pour étayer sa pensée au moyen de nombres, ce qui est bien plus correct.

Les premières séries d'exercices n'exigent aucune connaissance qui ne soit du programme du baccalauréat : ces exercices pourraient, je dirai plutôt : devraient être faits au lycée. L'étudiant pourra, par exemple, les aborder comme préparation au cours de mathématiques générales. Ils ont été choisis de façon à permettre une revision de celles des notions acquises au lycée qui lui seront plus spécialement utiles. Les séries suivantes suivent en gros l'ordre de mes *Leçons*. En tête de chaque série sont indiqués les numéros des paragraphes qui doivent être revus à cette occasion. Si dans un exercice se présentaient des notions non encore étudiées, rien ne s'oppose à ce qu'il soit provisoirement laissé de côté. De même, l'étudiant qui suit un cours dont l'ordre n'est pas celui de mes leçons, n'aura aucune peine à déterminer les exercices qu'il lui faut faire.

Les exercices sont gradués, en ce sens que, dans les premières séries, l'élève est entièrement guidé; rien n'est laissé à son initiative, données, méthodes, marche à suivre sont précisées. Au contraire, vers la fin, les appels à l'initiative deviennent de plus en plus fréquents; n'oublions pas que c'est là la méthode propre de l'enseignement supérieur. N'oublions pas non plus que, dans les applications, le difficile n'est pas de résoudre les problèmes, mais de les poser.

Il m'est arrivé quelquefois d'indiquer à propos d'un exercice des méthodes dont il n'est pas parlé dans mes *Leçons*. Il sera inutile en général de faire l'effort de les retenir. Mais il peut y avoir des cas où il en sera autrement. Ainsi la méthode Guyou pour les calculs d'erreurs pourra intéresser le physicien, qui n'estimera pas perdre son temps en l'apprenant; la construction de la résultante d'un système de vecteurs, et les exercices donnés à ce sujet, qui sont la base de la Statique graphique, sont importants pour le futur ingénieur; ils sont intéressants pour les autres.

Je ne voudrais pas terminer ces lignes sans rendre un juste hommage aux vieux Ouvrages de Bergery, Cousinery, Poncelet, qui m'ont bien aidé; au Traité de Favaro, à l'article si plein de renseignements de MM. Mehmke et d'Ocagne, aux exercices publiés par la Société de Physique, et enfin aux divers Ouvrages de M. Bouasse. Je m'honore de partager et depuis longtemps un grand nombre des idées de ce dernier; j'espère qu'il ne m'en voudra pas trop si je ne les partage pas toutes, si je m'écarte quelquefois de la voie qu'il a tracée; si enfin, malgré les critiques que j'ai pu faire plus haut, je ne trouve pas comme lui que tout va mal dans l'enseignement qui nous intéresse tous deux, et bien d'autres. Évidemment on tâtonne, mais on progresse, et sans nier l'influence que sa pensée forte et fortement exprimée a pu exercer sur l'état d'âme des mathématiciens, je me permets d'ajouter que tout le monde ne l'a pas attendu pour émettre et pour affirmer des idées fort semblables aux siennes (¹).

L. Z.

Caen, le 24 janvier 1914.

(¹) C'est seulement au moment où ce Livre va paraître que j'ai connaissance des *Graphical methods* de M. Runge, Ouvrage dont la conception est fort voisine — et je m'en félicite — de celle de ces *Exercices*.

Au même moment, me parvient la critique que M. d'Ocagne a bien voulu faire de mes *Leçons*. Je suis heureux de constater que le présent Volume répond sur tous les points aux desiderata formulés par un technicien aussi qualifié.

EXERCICES NUMÉRIQUES

ET GRAPHIQUES

DE MATHÉMATIQUES.

[Les numéros en *caractères gras* en tête de chaque série et dans le texte se rapportent aux numéros de paragraphes des *Leçons de Mathématiques générales*.]

PREMIÈRE SÉRIE.

GÉOMÉTRIE ÉLÉMENTAIRE. REVISION.

MESURES DES LONGUEURS.

1. Appréciation des longueurs au jugé. — Marquer une longueur horizontale qu'on jugera égale à 1^m. Recommencer pour une longueur verticale, soit au ras du sol, soit 1^m ou $1^m,5$ au-dessus; pour une longueur oblique. Mesurer les distances marquées et évaluer l'erreur relative commise.

Question analogue pour une longueur de 10^{cm}, de 1^{cm}.

Évaluer à l'œil les dimensions d'une table (longueur, largeur, hauteur) d'un livre, d'une équerre (épaisseur); d'une cour fournissant des longueurs d'au moins 1^{Dm}. Mesurer directement et évaluer l'erreur.

2. Instruments de mesure. — Comparer les graduations d'une règle d'établi en acier et d'un centimètre de couturière. Évaluer l'erreur de construction du second par rapport au premier.

Question analogue pour un mètre en bois, un double décimètre.

Mesurer un objet en bois : une table, une étagère. Avec quelle approximation peut-on obtenir les résultats ? De quel instrument de mesure convient-il, par suite, de se servir ? Question analogue pour une pièce de machine bien ajustée : un plateau de tour, etc., en métal.

Mesurer avec le mètre une longueur de plusieurs mètres. Recommencer plusieurs fois. Évaluer l'erreur.

Mesurer des traits au crayon, à l'encre, tracés sur un dessin ; la distance de deux points, soit obtenus par pointés, soit obtenus par intersections de ligne. Erreur obtenue ; apprécier l'erreur de graphique, l'erreur de lecture, l'erreur du double décimètre.

Pied à coulisse ordinaire. — Il peut donner, grâce au vernier, le $\frac{1}{10}$ de millimètre. Mesurer le diamètre d'une pièce cylindrique et s'assurer que les différents diamètres sont égaux à $\frac{1}{10}$ de millimètre près. Mesurer, au moyen du pied, deux pièces différentes ; en accolant ensuite les deux pièces, mesurer une longueur qui doit être la somme des deux précédemment trouvées. Le résultat obtenu devra être interprété au point de vue de l'exactitude de la graduation du pied à coulisse. S'il y a une erreur, tient-elle au déplacement du zéro ?

Palmer. — Le palmer donnera lieu aux mêmes exercices. On pourra, par exemple, vérifier les épaisseurs d'une feuille de papier ou d'une tôle en différentes régions, et l'on verra si les résultats obtenus sont les mêmes à l'approximation qu'est censé donner l'appareil ($\frac{1}{20}$ ou $\frac{1}{100}$ de millimètre). On vérifiera ensuite le palmer, en superposant deux ou trois plaques dont l'épaisseur aura été reconnue bien constante. Vérifier le zéro de l'appareil.

Je ne parle pas des autres appareils de mesure, comme le cathétomètre par exemple, comme exigeant une technique et un réglage trop compliqués. Ils n'intéressent que l'étudiant en Physique, qui aura l'occasion de les étudier ailleurs.

L'étudiant, après avoir exécuté les exercices précédents, devra être à même, étant donnée une mesure de longueur à effectuer, de prévoir l'approximation à obtenir, et de choisir l'instrument de mesure de façon qu'il ne soit pas insuffisamment précis, sans qu'il le soit trop.

MESURE DES ANGLES.

3. Construire des angles au jugé et les évaluer : angle droit, angle de 3o°, etc. — On évaluera la hauteur du Soleil sur l'horizon, et l'on vérifiera par une mesure directe. Celle-ci n'a pas besoin d'être faite avec une grande approximation, car, en général, l'erreur sur la hauteur sera d'un grand nombre de degrés : c'est ce qu'il importe de constater. On vérifiera qu'on obtient une évaluation bien plus exacte en faisant la visée du Soleil et de l'horizon au moyen de deux règles, et en se plaçant ensuite de front pour évaluer l'angle de ces deux règles : la chose se fera de manière commode si deux étudiants opèrent ensemble. On pourra obtenir une mesure de l'angle en mesurant sa tangente.

Un exercice du même genre, qui montre également comme nous sommes, en général, peu habitués aux évaluations d'angles, est le suivant : sur une route à tournant brusque, on essaiera, en se plaçant sur la route, soit à une trentaine de mètres de l'angle, soit à l'angle même, d'évaluer l'angle dont elle tourne. Les deux résultats obtenus seront très différents; et ils seront sans doute très différents du résultat exact qui peut s'obtenir au moyen de la carte. Une photographie permet de faire le même exercice sans se transporter sur le terrain.

On retiendra de ceci qu'il vaut mieux dans les évaluations d'angles se placer sur la normale au plan de l'angle menée par le sommet. Ainsi, dans le dernier exercice, l'erreur serait bien plus petite si l'on dominait la route en aéroplane, ou d'une altitude élevée.

4. Appareil de mesure. — L'appareil usuel du dessinateur est le rapporteur. On devra le vérifier pour connaître son approximation. On commencera par vérifier les angles droits : on tracera donc, par exemple, les deux lignes qui correspondent à 10° et 100°, 20° et 110°, etc.; on verra ainsi si tous les angles droits de l'appareil sont égaux. On vérifiera ensuite l'un d'eux en utilisant la construction graphique de la perpendiculaire à une droite. Naturellement, à l'erreur de l'appareil s'ajoute ainsi l'erreur de dessin : l'appareil sera déclaré suffisant s'il est exact dans ces conditions, puisque c'est dans ces conditions qu'on l'emploie. L'erreur du rapporteur s'obtient en vérifiant que la somme de deux angles droits est bien deux droits; cette vérification exige un dessin mais dont l'erreur est presque nulle; en général, l'erreur du dessin est affectée d'un coefficient personnel que chacun doit connaître, et aura l'occasion d'évaluer en traitant les exercices de ce Livre.

A l'angle droit, dans la vérification précédente, on pourra substituer un angle de 30° ou 60° : ces deux angles sont d'une vérification aisée en utilisant les propriétés de l'hexagone régulier ou, ce qui revient au même, les lignes trigonométriques. Remarque analogue pour l'angle de 45°, qui donne cependant des constructions plus compliquées. En calquant un angle de 30°, 60°, 45°, il sera aisé de vérifier si $3 \times 30°$ ou $2 \times 45° = 90°$ et si $3 \times 60° = 180°$.

TRIANGLE.

5. Triangle rectangle. — Construire un triangle rectangle de dimensions 13,8 et 8,5; calculer et mesurer l'hypoténuse; comparer. Mesure et calcul de la hauteur, des segments qu'elle détermine sur l'hypoténuse; l'approximation est-elle aussi bonne que dans le premier cas?

Traiter à nouveau la question en mesurant directement les données sur une équerre : on ne manquera pas d'évaluer l'approximation de ces données (**229**).

6. Triangle. — Construire un triangle, connaissant les trois côtés $a = 125^{mm}$, $b = 76^{mm}$, $c = 148^{mm}$. Vérifier le théorème relatif au carré d'un côté, en calculant et en mesurant la projection de chaque côté sur un des deux autres.

Construire un triangle connaissant deux côtés $a = 135^{mm}$, $b = 110^{mm}$ et l'angle compris $C = 125°$. Calculer et mesurer le troisième côté. La vérification se fait-elle aussi bien dans le cas actuel qui exige la construction d'un angle ?

7. Dans l'un des triangles précédents, calculer d'une part, et d'autre part construire et mesurer une médiane, une hauteur, une bissectrice intérieure ou extérieure. Influence de la complication du dessin sur la grandeur de l'erreur.

Vérifier que les produits de chaque côté par la hauteur correspondante sont les mêmes (mesure et calcul).

CIRCONFÉRENCE.

8. **Polygones inscrits.** — Tracer un cercle de rayon 10^{cm}. Inscrire dans ce cercle les différents polygones réguliers : carré et octogone; triangle, hexagone et dodécagone; pentagones et décagones convexes et étoilés. La figure donnera lieu aux mesures et vérifications suivantes : on mesurera les côtés et apothèmes de l'octogone qu'on a déduit du carré; du triangle et du dodécagone qu'on a déduits de l'hexagone; des pentagones et décagones déduits du décagone convexe. On devra vérifier les formules usuelles.

Du périmètre du décagone et du dodécagone, on déduira une valeur approchée de la longueur de la circonférence, avec quelle approximation ?

9. **Puissance.** — Tracer un cercle, vérifier que toute sécante issue d'un point fixe intercepte sur le cercle deux segments dont le produit est constant; évaluer ce produit, soit au moyen de la tangente, si le point est extérieur, soit au moyen du diamètre passant par le point. Prendre successivement pour

unité le millimètre : le centimètre ; une longueur quelconque. en construisant une règle graduée (ex. **20**) sur carton souple. ou papier transparent. Comment varie la puissance ?

10. Longueur. — Mesure de la circonférence d'un cylindre : tige, colonne, pied de table, axe de machine, soit directement (fil faisant un ou plusieurs tours), soit en mesurant le diamètre ; comment faut-il procéder pour que les approximations soient comparables ? Quelle est la meilleure mesure ? la plus commode ?

AIRES ET VOLUMES. POLYÈDRES, CORPS RONDS.

11. Cône. Développement. — Construire un cône de révolution en carton souple, en se donnant le rayon de base r, et l'apothème a. Le développement est un secteur de cercle de rayon a et dont l'angle au centre mesuré en radians, i, est tel que $ai = 2\pi r$. Calculer la surface de ce secteur. Pour construire le cône, il suffit de découper une surface dépassant légèrement celle du secteur dessiné sur le carton ; ces dépassants seront agrafés au moyen soit de semences, soit de punaises, soit, si le carton est très mince, d'attaches métalliques. La pointe des punaises sera rabattue d'un coup de marteau sur une matrice formant enclume.

Évaluer la surface, le volume du cône construit. Mesurer le volume en remplissant de sable et pesant le sable.

12. Trièdre. — Construire un trièdre dont les faces ont respectivement 55°, 83° et 89°. (Est-ce possible ?) Faire l'épure ; déterminer sur l'épure les valeurs des angles dièdres. Construire également le trièdre en carton, mesurer les dièdres (au rapporteur, en découpant suivant le rectiligne) et comparer.

13. Volume. — Effectuer les mesures directes nécessaires pour évaluer le volume d'une pièce de machine composée de plusieurs corps de forme géométrique simple : cônes, cylindres, etc.; peser le corps. En déduire la densité en le supposant homogène.

14. Projection d'une aire plane : faire se former sur un écran l'image d'un objet simple (un triangle, un cercle) (au soleil ou au moyen d'une source éloignée), mesurer l'aire de l'ombre portée. Faire tourner l'écran d'un angle connu et recommencer en laissant fixes l'objet et la source. En déduire l'angle que fait le plan de l'objet avec le rayon lumineux.

TRANSFORMATIONS EN GÉOMÉTRIE.

15. On construira des modèles de pantographe, d'inverseur de Peaucellier ou de Hart en assemblant des baguettes préparées dont on devra avoir un certain nombre. On pourra prendre des baguettes en noyer de $25^{mm} \times 5^{mm}$ de largeur et épaisseur et de longueurs variables par 5^{cm}. Vers les extrémités, elles seront percées d'un trou pour recevoir, à frottement doux, le boulon d'assemblage. Celui-ci aura une partie non filetée de 10^{mm} ou 15^{mm} suivant qu'il devra assembler deux ou trois baguettes (sept tiges en trois longueurs suffisent pour les trois mécanismes indiqués). Avec le pantographe, on devra réduire ou augmenter un dessin à une échelle donnée. Avec l'inverseur, on vérifiera que la transformée d'un cercle passant par le pôle est une droite et inversement. De la figure on déduira la valeur de la puissance d'inversion qu'on évaluera aussi directement sur l'appareil.

CONSTRUCTION DE LONGUEURS.

16. **Construire une quatrième proportionnelle à trois longueurs données,** au moyen de deux droites concourantes; une moyenne proportionnelle au moyen du triangle rectangle (deux méthodes) ou de la propriété des sécantes à un cercle.

17. Construire la somme algébrique a **de deux segments** b
et c : tracer trois droites concourantes à 60°, les unes sur les
autres, Ox, Oy, Oz. Montrer qu'en prenant des sens positifs
convenables (tels que $\widehat{Ox, Oz} = \widehat{Oy, Ox} = 60°$; *voir* 4-6)
les projections P, Q, R d'un point M sur ces trois droites sont
telles que $\overline{OP} = \overline{OQ} + \overline{OR}$.

On facilitera les projections au moyen d'un transparent
sur lequel seront tracées trois droites à 60° concourantes. On
graduera Ox et Oy (en millimètres par exemple), on amènera
deux des droites du transparent à passer par les points respectivement cotés b et c, et la troisième droite du transparent
coupe Oz au point coté a. On place le transparent de façon
qu'une de ses droites soit perpendiculaire à Ox.

Construire $a - b + c$ (a, b et c sont des mesures de segments). On fait glisser l'une sur l'autre deux échelles millimétriques (transparent quadrillé sur papier quadrillé) de façon
à amener l'origine de la seconde au point coté a de la première.
La distance du point coté b de la première au point coté c de
la seconde répond à la question.

18. Construire la longueur $\dfrac{a_1 c_1}{b_1} + \dfrac{a_2 c_2}{b_2} + \ldots$ (Massau).—

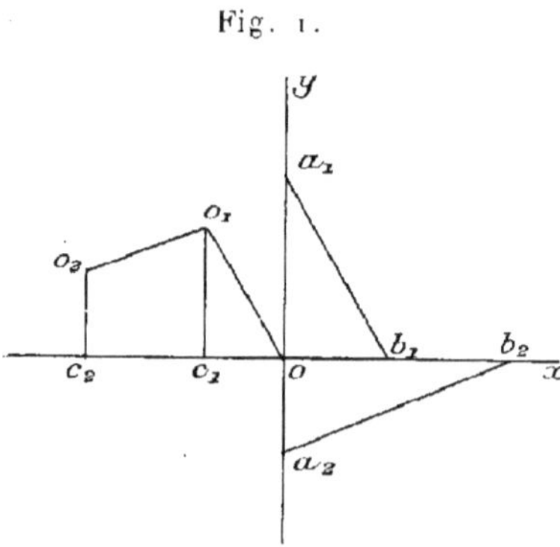

a, b, c, ... sont des longueurs ou des segments.
Tracer deux droites rectangulaires Ox, Oy; porter
sur Oy, *à partir de* O,
les segments a_1, a_2, ...;
sur Ox, *à partir de* O,
les segments b_1, b_2, ...;
et sur Ox, *bout à bout*,
les segments c_1, c_2, ...
La parallèle de O à la
droite $a_1 b_1$ coupe l'or-
donnée c_1 en un point O_1; la parallèle menée de O_1 à $a_2 b_2$
coupe l'ordonnée du point c_2 en un point O_2, etc. Le der-

nier point obtenu a pour ordonnée (mesurée à l'échelle des a)
le segment cherché. Démontrer et appliquer.

19. Réduire une série de longueurs dans un rapport donné :
c'est une construction de quatrièmes proportionnelles; on
aura à mener une série de parallèles. Un papier quadrillé
facilite la construction. Aussi pour passer de l'échelle millimétrique à l'échelle où l'unité est OA, il suffit d'intercaler la
longueur OA entre les deux droites du quadrillé distantes
de 1^{cm}. La droite indéfinie OA est ainsi toute graduée. Dans les
applications, il sera avantageux de superposer deux feuilles
de papier, la feuille inférieure opaque et qua-
drillée, la feuille supérieure transparente : on
placera OA parallèle à un des côtés de la
feuille de calque, ou, si besoin est, sur n'importe quelle droite du calque. Modifier la
méthode dans le cas où OA est trop différent

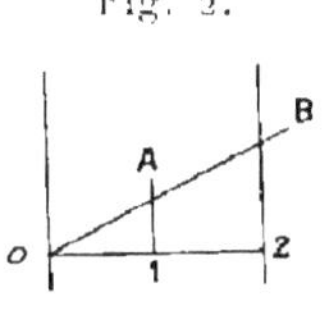

de 1^{cm} (on prend deux parallèles du quadrillé à 2^{cm} ou 5^{cm} ou
10^{cm} de distance). Le cas $OA < 1^{cm}$ se ramène au précédent,
en multipliant par 10, 100, ... Si l'échelle à transformer
n'est pas millimétrique, on prend l'échelle millimétrique
comme échelle intermédiaire.

**20. Diviser une droite en un certain nombre de parties
égales.** — La droite étant tracée sur papier calque, on place
ses deux bouts sur deux parallèles d'un quadrillé dont la distance est égale au nombre de parties égales (en centimètres ou
en millimètres, suivant les dimensions de la longueur à
diviser et le nombre des parties). La longueur est toute divisée
par les droites intermédiaires.

On peut aussi, à défaut de papier quadrillé, procéder de la
façon suivante : Soit AB la longueur à diviser en n parties.
Menons de B une droite quelconque D, puis plaçons un double
décimètre de façon que n divisions (centimètres, millimètres,
suivant les cas) soient comprises entre le point A et la
droite D; les divisions intermédiaires résolvent la question.

21. Construction des puissances successives d'un nombre

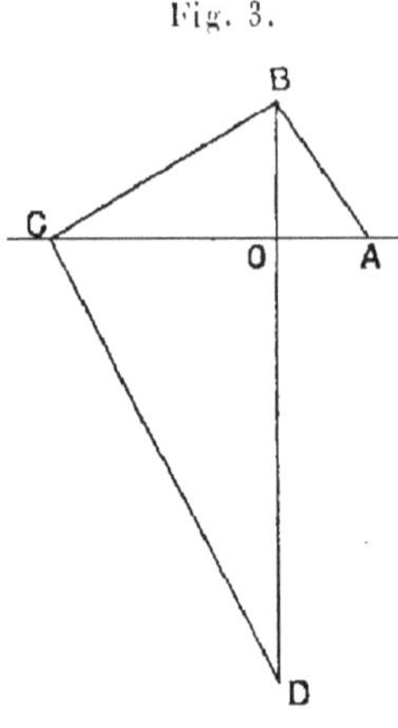

Fig. 3.

(ou d'une longueur si l'unité est précisée). — Tracer deux droites rectangulaires (*fig*. 3). Porter $OA = 1$, $OB = l$. La perpendiculaire à AB en B coupe OA en C; la perpendiculaire à CB en C coupe OB en D. On a successivement $OC = l^2$, $OD = l^3$, ... On facilite la construction, en opérant sur un papier transparent placé au-dessus d'un quadrillé; on oriente le papier de façon que l'une des directions du quadrillage soit AB. Les points successifs C, D, etc. se marquent alors sans difficulté.

22. Autre solution. — Porter sur deux droites concourantes (*fig*. 4) $OA = 1$, $OB = l$; construire le triangle OBC semblable à OAB. On a $OC = l^2$; mener CD parallèle à AB; on a $OD = l^3$, et ainsi de suite. Pour obtenir C, on calque l'angle OAB, on le retourne en OBC, d'où le point C. Ensuite on facilite le tracé en calquant les deux directions ABC, et en déplaçant le calque par translation de façon que

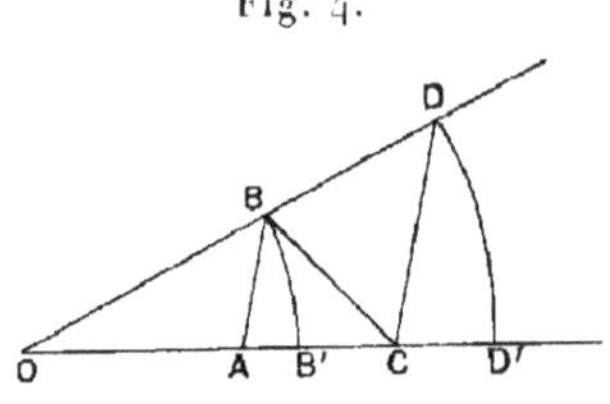

Fig. 4.

le sommet de l'angle calqué vienne successivement en C, D, etc. On simplifie un peu en prenant l'angle OAB droit, ce qui est possible en faisant la construction dans l'ordre suivant : placer $OA = 1$, AB perpendiculaire à OA et intercaler l entre O et AB.

Cas particulier; construire les puissances successives de $\sin\varphi$ **et** $\cos\varphi$. — On prend $BOA = \varphi$ et $OA = 1$ (*fig*. 5). On projette A sur OB en B, on a $OB = \cos\varphi$; la construction précédente donnera donc $\cos^2\varphi$, $\cos^3\varphi$ . . . . . Si au contraire $OA = 1$ et OAB $= 1\,dr$, on a $OB = \dfrac{1}{\cos\varphi}$, OC, OD, ... donneront donc $\dfrac{1}{\cos^2\varphi}$, $\dfrac{1}{\cos^3\varphi}$, ... Les projetantes AB, BC, etc. ont pour longueur $\sin\varphi\cos\varphi$; $\sin\varphi\cos^2\varphi$; ...; $\dfrac{\sin\varphi}{\cos\varphi} = \operatorname{tang}\varphi$, $\dfrac{\sin\varphi}{\cos^2\varphi}$, ... Pour construire les puissances de $\sin\varphi$, il suffira d'adjoindre à la figure la perpendiculaire menée par O à OB; ce qui revient à raisonner sur l'angle $\dfrac{\pi}{2} - \varphi$.

On suppose que OB restant fixe, la droite OA tourne autour de O. A décrit alors un cercle de rayon 1. Construire par points les lieux de quelques-uns des points C, D, ... Les points B, D décrivent OB, mais on les reportera sur OA par un arc de cercle de centre O en B', D', etc. Les lieux sont les courbes qui ont pour équations en coordonnées polaires (**11, 26**) $r = \cos^n\varphi$. Le point B' notamment décrit le cercle de diamètre égal à *un*, dont l'équation (**61**) est

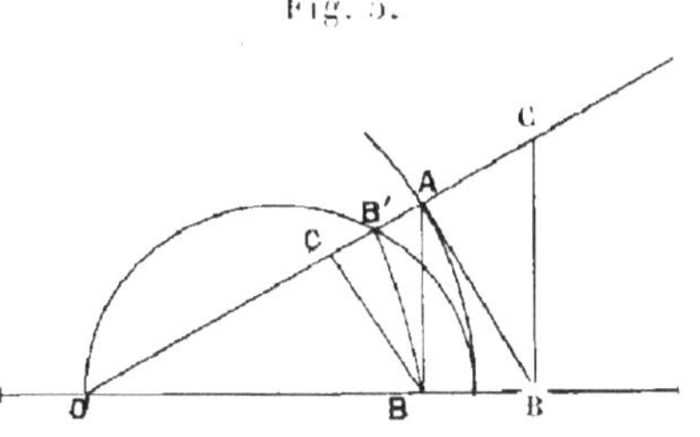

Fig. 5.

$$r = \cos\varphi.$$

Utiliser les courbes tracées pour le calcul des puissances d'un nombre. Pour calculer λ^n, soit pour fixer les idées $\lambda < 1$ et $n < 0$, on détermine $\varphi = \operatorname{arc}\cos\lambda$, en utilisant le cercle lieu de B' $(OB' = \lambda)$ et la droite OB' coupe la courbe relative à n au point P : OP est la longueur cherchée.

23. Troisième construction. — Cette construction présente l'avantage que les longueurs y sont à la suite les unes des autres. On porte (*fig*. 6) $OA = l$, $OB = 1$, $AC = l$. La parallèle CA' à AB donne $AA' = l^2$, et ainsi de suite. Le point I et la droite IBC sont fixes, ce qui rend la construction très aisée.

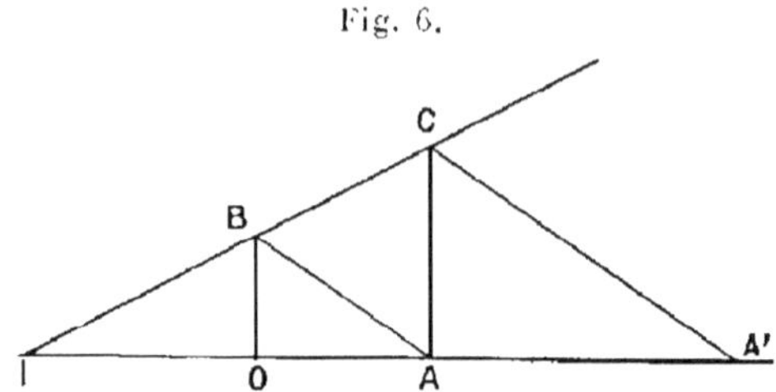

Fig. 6.

Cette construction permet d'obtenir les termes successifs et la somme des termes d'une progression géométrique (117, 118). Soit à construire

$$a + aq + aq^2 + aq^{n-1} + \ldots$$

On porte (*fig.* 6) OB = 1 et OA = a. Mais, au lieu de porter AC = a, on construit le point I de façon que $\dfrac{IA}{IO} = q$ (en tenant compte des signes, *voir* 8), c'est-à-dire que AC = q. Alors $AA' = aq$, puis $A'A'' = aq \times q = aq^2$ et $OA' = a + aq$; $OA'' = a + aq + aq^2, \ldots$.

Étudier sur cette figure les différents cas suivants :

1° $q < 0$. Alors I est entre O et A, mais la construction s'applique encore;

2° $|q| > 1$ les termes successifs vont en augmentant;

3° $|q| < 1$ les points A, A', ... se rapprochent du point I et tendent vers lui, soit ($q > 0$) en restant toujours à sa gauche, soit ($q < 0$) en étant alternativement à droite et à gauche. La somme des termes a une limite qui est OI. Calculer OI. On trouve $OI = \dfrac{a}{1 - q}$.

24. Diviser un segment dans un rapport donné. — Soit le rapport $\dfrac{5}{8}$ par exemple. Par les extrémités du segment on mène deux parallèles quelconques; puis, par tâtonnement, on amène un double décimètre à avoir sur les deux parallèles les divisions o et $5 + 8 = 13$ (ou o et $8 - 5 = 3$ si le point que l'on cherche est celui qui est extérieur au segment) et sur le segment la division 5 (ou $- 5$). Les divisions seront des millimètres ou des centimètres suivant les cas.

Application au centre des distances proportionnelles (19) de 5 points avec les coefficients $1, -1, 3, 2, -4$.

DEUXIÈME SÉRIE.

GÉOMÉTRIE ÉLÉMENTAIRE. CONIQUES.

Géométrie élémentaire : 64-76, 78.

ELLIPSE.

25. Tracé par points d'une ellipse de distance focale $2c = 15^{cm}$ et de demi-grand axe $a = 9^{cm}$. On utilisera le cercle directeur de l'un des foyers. La construction donne en même temps la tangente en chaque point.

Tracé au moyen de cercles ayant pour centres respectifs les deux foyers et des rayons dont la somme soit $2a$.

L'ellipse étant tracée, tracer le cercle homographique (67). Constater par la mesure directe que le rapport des ordonnées de deux points de même abscisse appartenant à l'ellipse et au cercle est constant. En déduire la valeur de b. La comparer à $\sqrt{a^2 - c^2}$.

26. Équation. — Mesurer l'abscisse et l'ordonnée de quelques points pris sur la courbe. Constater que les nombres trouvés vérifient l'équation de l'ellipse (64).

27. Intersections. — Marquer les points d'intersection de la courbe tracée avec une droite quelconque. Construire les mêmes points par la construction classique. Laquelle des deux constructions est la plus précise ? Si la courbe est convenablement dessinée, les deux procédés doivent donner sensiblement le même résultat.

28. Directrice. — Choisir en particulier une droite passant par un foyer. Construire les tangentes aux points où elle coupe l'ellipse. En recommençant la construction pour plusieurs droites passant par le foyer, on devra vérifier que les points de rencontre des tangentes sont sur une même droite perpendiculaire à l'axe focal : la directrice (66).

Construire cette droite *a priori* en utilisant la propriété suivante : le point où elle coupe l'axe est conjugué harmonique du foyer par rapport aux sommets.

Évaluer directement le rapport des distances au foyer et à la directrice d'un certain nombre de points de l'ellipse. Le rapport doit être constant : c'est l'excentricité. Il doit être égal à $\frac{c}{a}$.

Inversement, construire le lieu des points dont le rapport des distances au point F et à la droite D est égal à 0,5. On prendra la distance de F à D égale à 8^{cm}. Les points du lieu seront à l'intersection de cercles de centre F et de droites parallèles à D, le rapport du rayon variable du cercle à la distance des droites à D étant 0,5. Construire *a priori* les quatre sommets de l'ellipse qu'on doit trouver. Vérifier que l'abscisse et l'ordonnée d'un point du lieu vérifient l'équation de l'ellipse rapportée à ses axes. Vérifier aussi que la somme des distances des points trouvés aux foyers est égale à la distance $2a$ qu'on devra calculer.

29. Cercle homographique (67, 78). — Déduire l'ellipse d'un cercle de rayon égal à 10^{cm} dont on réduit les ordonnées relatives à un diamètre dans le rapport 0,63. Construire la courbe par points. On construira l'un des points en utilisant le rapport de réduction 0,63 et, pour en construire d'autres, on devra se servir uniquement de la règle, en utilisant l'homologie des deux figures. On peut aussi tracer le cercle de rayon

$b = 6,3$; un rayon quelconque coupe le grand cercle en un point A, le petit en un point B et les parallèles aux axes menées par A et B se coupent en un point de l'ellipse. La construction qu'il faudra justifier n'est pas plus rapide, mais elle est plus précise et plus commode.

Effectuer les problèmes usuels : intersection avec une droite; tangente parallèle à une direction donnée; tangentes issues d'un point, polaire d'un point en utilisant le cercle homographique. Pour le dernier problème, opérer aussi sans utiliser le cercle.

30. Diamètres (71, 72). — Construire les diamètres dérivés de deux diamètres rectangulaires du cercle; les mesurer. Comparer la somme de leurs carrés à $a^2 + b^2$. Mesurer leur angle et évaluer l'aire du parallélogramme construit sur eux : elle doit être constante et égale à ab. La même mesure peut être faite avec un planimètre (316 et ex. 182) en tournant alternativement dans les deux sens autour du parallélogramme.

31. Diamètres conjugués. — Calquer une des ellipses précédemment construites, sans calquer les axes. On se propose de déterminer ces axes. On commencera par déterminer deux couples de directions conjuguées. A cet effet, on mènera deux diamètres quelconques et, à l'œil, la tangente à une des extrémités de chacun. Soient alors (*fig.* 7) Oa, Oa'; Ob, Ob' les quatre diamètres trouvés. Un cercle arbitraire passant par O coupe ces droites aux points a, a', b, b'. On construit le diamètre du cercle qui passe par l'intersection des droites aa' et bb'. Ce diamètre coupe le cercle aux deux points m et m'; les droites Om, Om' sont les axes. La construction pourra être justifiée soit

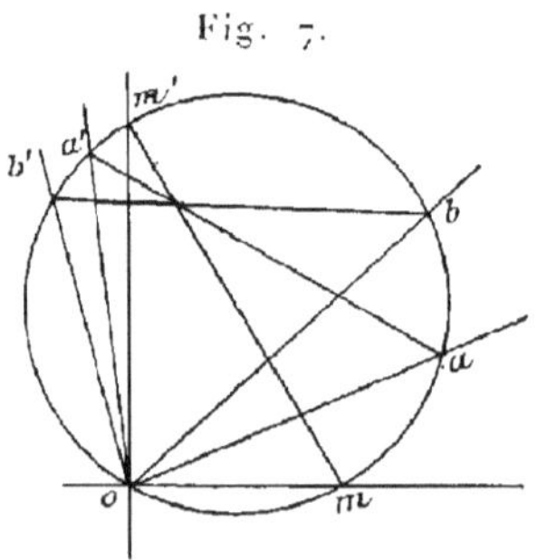

Fig. 7.

par le calcul (71 et 61), soit par une vérification graphique en faisant varier le cercle, ou les diamètres conjugués choisis.

Déterminer de même les axes de l'ellipse obtenue par l'ombre portée d'un cercle.

32. Sections du cylindre ou du cône. — On veut construire une boîte sans couvercle ayant la forme d'un cylindre de révolution de 5^{cm} de rayon, coupé par deux plans parallèles situés à une distance de 10^{cm} l'un de l'autre et à $45°$ sur l'axe du cylindre. Faire l'épure pour obtenir le développement des sections lorsqu'on développe le cylindre sur un plan tangent. Tracer et découper le développement obtenu sur une feuille de carton ou de zinc. Dessiner également et découper le fond de la boîte : ellipse dont on déterminera les axes. On achèvera soit en assemblant (avec des épingles ou des bandes gommées), soit en soudant.

Question analogue : Cône de révolution de demi-angle égal à 30°. Le plan sécant fait avec l'axe un angle de $45°$ et le grand axe de l'ellipse de section doit avoir 12^{cm}. Faire l'épure du développement et construire l'ellipse de section, comme ci-dessus.

33. Cercles de courbure (78). — Construire une ellipse de demi-axes $a = 10^{cm}$, $b = 8^{cm}$ au moyen des quatre cercles de courbure aux sommets. Construire, en outre, un point, par exemple celui qui est sur la diagonale du rectangle des axes. Tangente et normale en ce point : la normale est parallèle à la droite qui joint les centres de courbure aux sommets du rectangle.

34. Bande de papier (78). — Construire une ellipse de dimensions $a = 8^{cm}$, $b = 5^{cm}$, en portant sur une bande de papier, à partir de l'origine O, des longueurs OA, OB respectivement égales à 8 et à 5, soit dans le même sens, soit en sens contraire. On fait décrire deux axes rectangulaires aux points A

Z. 2

et B; O décrit l'ellipse. Comparer les deux constructions. Normale en un point du tracé (**215**).

HYPERBOLE.

35. On pourra répéter pour l'hyperbole un grand nombre des exercices proposés pour l'ellipse (sauf, bien entendu, ceux où figure le cercle homographique).

36. Asymptotes (74, 75). — Tracer deux droites faisant entre elles un angle de 50°. Construire le point A

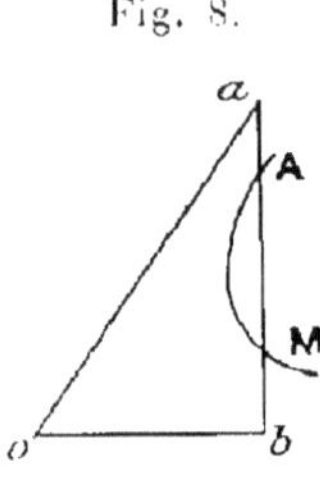

Fig. 8.

(*fig.* 8) aux distances 3^{cm} et 5^{cm} de ces droites. Construire par points le lieu des points obtenus en portant $\overline{bM} = \overline{Na}$. Tangente au lieu au point A, au point M. Construire les axes de l'hyperbole; ses foyers, une directrice. Vérifier que l'aire comprise entre les droites données et la tangente au point M est constante. De la valeur trouvée pour cette aire, déduire la valeur de c $\left(\text{aire} = \dfrac{1}{2}\,c^2 \sin 2\varphi,\ 2\varphi = 50^0\right)$ et vérifier (66).

37. Hyperbolographe. — Un prisme triangulaire (*fig.* 9) très plat a ses parois latérales formées de trois planchettes de 2^{cm} de large environ; ses bases sont formées de deux plaques de verre collées. Avant de coller la seconde, on a introduit dans le prisme une certaine quantité de liquide coloré. On place le prisme dans une position quelconque, mais de façon que ses arêtes soient horizontales. La surface libre

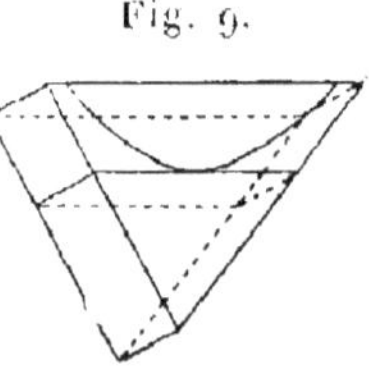

Fig. 9.

du liquide enveloppe un cylindre dont la base, une hyperbole, pourra être tracée sur les plaques de verre. En effet, la surface de base du prisme liquide est constante puisque le volume est constant.

38. Diamètres conjugués (74). — Construire une hyperbole. Tracer deux diamètres conjugués : l'un d'eux est parallèle à la tangente à l'extrémité du premier. Vérifier que les deux diamètres forment un faisceau harmonique avec les asymptotes, soit en coupant par une droite quelconque et mesurant les segments obtenus, soit en coupant par une parallèle à une des quatre droites.

PARABOLE.

39. Effectuer les **tracés classiques** par points. Construire la tangente en quelques points. Vérifier la propriété de la sous-tangente, de la sous-normale (176). Vérifier que le carré de l'ordonnée est proportionnel à l'abscisse.

40. Tracer au pantographe une courbe homothétique à une parabole. — Constater qu'on obtient une seconde parabole, soit en construisant la directrice et le foyer et vérifiant que la courbe satisfait à la définition usuelle, soit en vérifiant l'équation de la courbe.

41. Cordes focales. — Vérifier que les tangentes aux extrémités d'une corde focale sont rectangulaires ; qu'elles se coupent sur la directrice ; que la droite qui joint le foyer à leur point de concours est perpendiculaire à la corde.

ENVELOPPES (177).

42. Tracer un cercle de 5ᶜᵐ de rayon. Marquer un point F à 3ᶜᵐ du centre. Faire déplacer une équerre de façon qu'un côté de l'angle droit passe par le point et que le sommet décrive le cercle ; marquer au crayon les différentes positions du second côté. Tracer l'enveloppe de ce côté. C'est une ellipse dont on pourra calculer d'avance et vérifier ensuite les dimensions. A l'équerre, on substituera avec avantage une

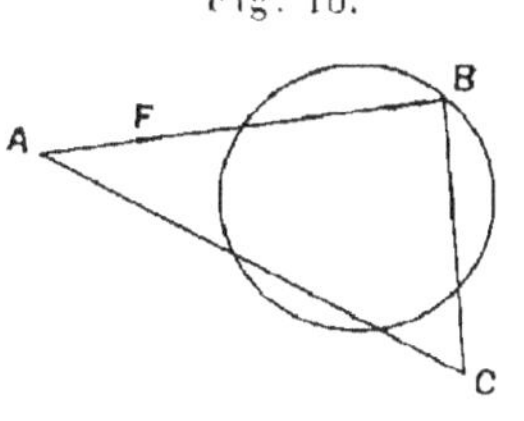

Fig. 10.

feuille de bristol dont l'angle aura été marqué avec soin, ou, mieux encore, on fera usage de papier transparent et les droites AB, BC seront deux droites rectangulaires fixes tracées sur une feuille sous-jacente.

Même question, mais en prenant le point F à 8ᶜᵐ du centre du cercle (*fig.* 10). L'enveloppe est une hyperbole : asymptotes.

Même question en substituant au cercle une droite : l'enveloppe est une parabole.

43. Cercle de Monge. — Faire déplacer un angle droit de façon que ses deux côtés touchent une ellipse, une hyperbole, une parabole. Marquer les différentes positions du sommet : lieu de ce point. C'est un cercle dans les deux premiers cas ; c'est une droite, la directrice, dans le troisième. Rayon du cercle $(\sqrt{a^2 + b^2}, \sqrt{a^2 - b^2})$.

L'étudiant devra tracer avec beaucoup de soin, sur du papier quadrillé au millimètre, et sur calque une hyperbole équilatère d'équation $xy = 1$, et une parabole d'équation $y = x^2$, qui lui seront utiles dans la suite de ces exercices.

APPLICATIONS DE LA PARABOLE.

44. Construire une parabole, connaissant l'axe, le sommet O et un point M. — Menons (*fig.* 11) la perpendiculaire IM à la tangente au sommet. Divisons IM et OI en deux parties égales. Le point P appartient à la courbe. On a la tangente en M et en P (sous-tangente = 2 IM ou 2 HP). Cela suffit pour tracer l'arc OPM.

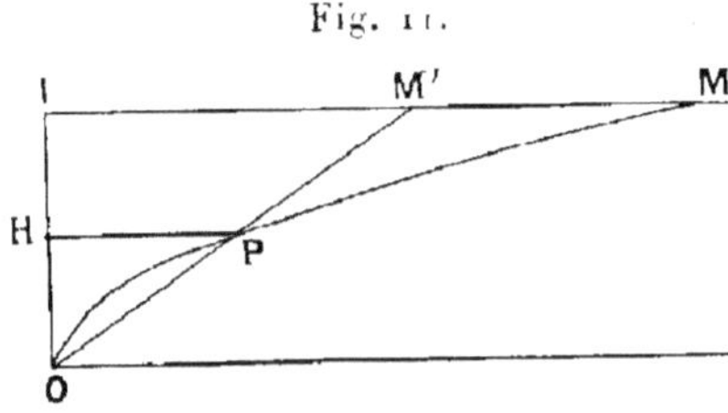

Fig. 11.

45. On donne deux droites concourantes O*x* et O*y*, un point A sur O*x*. Une droite mobile coupe les deux droites en deux points M et P tels que l'on ait en grandeur et signe (1, 3) :

$$AM = k.OP.$$

Écrire son équation (34) par rapport aux deux droites prises pour axes. Déterminer son enveloppe (177) : c'est une parabole tangente à OA en A et à Oy en un point B tel que

$$AO = k.OB.$$

Inversement, on donne deux droites OA, OB tangentes à une parabole en A et B, une tangente quelconque détermine M et P sur OA et OB tels que

$$\frac{AM}{AO} = \frac{OP}{OB}.$$

Application à la construction rapide des tangentes à la parabole définie au moyen de deux tangentes et leurs points de contact. — On divise OA en 10 parties égales ainsi que OB et l'on joint les points de division 0-10, 1-9, 2-8, ... Application : voûte surbaissée parabolique (les deux droites OA et OB sont l'une horizontale, l'autre verticale). Comparer la voûte parabolique à la voûte elliptique (ellipse tangente à OA et OB en A et B) : la première est plus creuse.

La même propriété peut encore être présentée de la façon suivante : Soit une tangente fixe à une parabole en A. Portons des longueurs égales sur cette tangente; des points obtenus, menons la seconde tangente à la parabole. On obtient ainsi un réseau de droites. Montrer que chaque tangente est divisée par les autres et par le point de contact en parties égales. On voit, de proche en proche, que c'est bien la propriété précédente. Montrer également qu'une tangente quelconque est divisée en parties égales par les différentes tangentes du réseau, mais sans compter cette fois-ci le point de contact comme un des points de division. Application : division des droites en 10 parties égales, par exemple : on trace le réseau de 10 tangentes, ce qui est facile en s'en donnant deux au hasard et en portant 10 longueurs égales sur chacune d'elles, à partir du point de rencontre, puis joignant les points de division $0 - 10$, $1 - 9$, $2 - 8$, ... On divisera alors un segment quelconque tracé sur transparent en l'intercalant entre deux tangentes extrêmes.

TROISIÈME SÉRIE.

FONCTION LINÉAIRE. MOUVEMENT UNIFORME.

Algèbre élémentaire, 31–36, 144, 204.

CONSTRUCTION DE DROITES (33).

46. On donne l'équation $2,5y = 0,3x - 0,7$. Porter en abscisse (papier millimétrique) un certain nombre de valeurs de x ($-3, -2, -1, 0, +1, +2, +3$) et construire les points correspondants de la courbe. Vérifier que ces points sont à peu près en ligne droite. Calculer le coefficient angulaire de cette droite; vérifier.

Déduire de la précédente les droites suivantes :

$$2,5y = 0,3x,$$
$$2,5y = 0,3x + 5,2.$$

Vérifier que les constructions sont plus aisées, en prenant le millimètre pour échelle des abscisses et le centimètre pour échelle des ordonnées, qu'en prenant des échelles égales. Comparer les deux tracés obtenus en prenant le millimètre pour unité sur les deux axes ou le centimètre sur les deux axes.

Quelles échelles convient-il de choisir et comment faut-il disposer dans la feuille les axes de coordonnées, si l'on suppose que la variable x n'a de valeurs intéressantes qu'entre $x = -3$ et $x = 10$. (La réponse dépend évidemment des dimensions de la feuille. Prendre, en tout cas, des échelles *rondes* : unité de $x = 1^{mm}$ ou 1^{cm} ou 10^{cm}, ou à la rigueur 5^{cm}.)

S'exercer à mesurer sans erreur le coefficient angulaire sur les divers tracés obtenus. Le nombre obtenu doit toujours être le même.

47. Intersections (34). — Tracer les trois droites d'équations

$$2,8\,y + 1,5\,x + 0,2 = 0,$$
$$y + 18\ x - 2,7 = 0,$$
$$y = x + 3,5,$$

avec des échelles telles que le triangle qu'elles forment soit dans la feuille. Lire les coordonnées de leurs points d'intersections. Vérifier le résultat par le calcul.

Construire le point de rencontre des hauteurs et mesurer ses coordonnées. Vérifier, en formant les équations de l'une des hauteurs [au moyen de la formule (21), **17**], qu'elle passe par ce point, *si les échelles ont été choisies les mêmes sur les deux axes.*

MOUVEMENT UNIFORME.

48. Graphique de chemin de fer. — Établir au moyen d'un indicateur de chemin de fer le graphique des deux lignes (*fig.* 12) de Paris à Montereau (P.-L.-M.) par Corbeil-Héricy ou par Brunoy-Fontainebleau. Pour les rapides qui ne s'arrêtent pas à Montereau, on poursuivra le graphique jusqu'à Laroche. Étudier les croisements en gare de Melun, où les deux voies se cisaillent : les rencontres dans cette gare ne doivent pas avoir lieu non seulement entre trains de même sens, mais entre trains de sens contraire; on pourra calquer l'un des graphiques

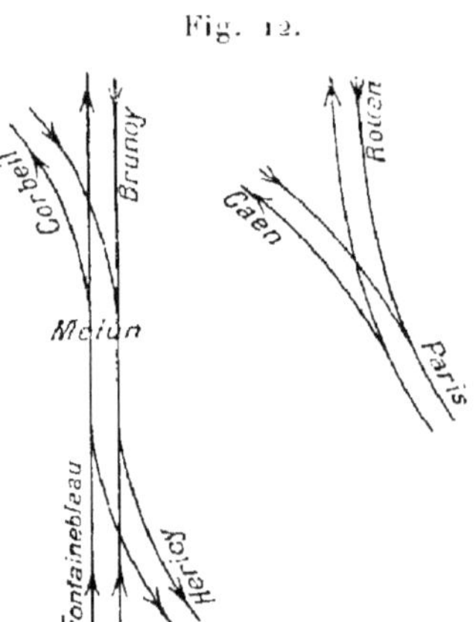

et superposer le calque à l'autre en faisant coïncider les horizontales-Melun, ainsi que les ordonnées-isochrones.

49. Étudier de même façon le cisaillement en gare de Mantes de la voie descendante Paris-Le Havre et de la voie montante Cherbourg-Caen-Paris.

50. Un accident a lieu à 25^{km} de Tours vers Paris à 8^h du matin, rendant les deux lignes impraticables de 8^h à 9^h, et une seule disponible de 9^h à 14^h. Établir le graphique. On construit d'abord le graphique ordinaire. On doit ensuite remplir la double condition que rien ne doit passer entre 8^h et 9^h, que les trains ne doivent pas se croiser (ni se rattraper) entre 9^h et 14^h sur tout le parcours situé de l'une à l'autre des deux aiguilles les plus proches du lieu de l'accident. Les nouveaux diagrammes pour chaque train sont parallèles aux anciens. On devra s'occuper successivement de tous les points de rencontre de deux diagrammes situés dans la bande interdite 9-14 et Limeray-Amboise.

60. Résoudre graphiquement le problème suivant : « Deux mobiles partent du même endroit et à la même vitesse, l'un à 0^h, l'autre à $2^h 25^m$. L'un va jusqu'à un point situé à 20^{km} du point de départ et revient sur ses pas. A son retour, il croise le second mobile à une distance de $8^{km},500$ du point de départ. Calculer les vitesses. »

61. Même question en remplaçant la dernière donnée par la suivante : la rencontre a lieu à $3^h 45^m$. Résoudre aussi les deux questions par l'algèbre.

62. Diagramme des angles que font avec le rayon-origine les deux **aiguilles d'une montre**. En déduire l'angle des aiguilles entre elles. On porte en abscisse le temps.

63. Un aéroplane a une vitesse propre de 160 km-heure : il tourne autour d'une piste de 20^{km} de longueur, avec virage aux deux bouts (on négligera ces virages). A l'aller, il est poussé par un vent de même sens de 8 m-s ; au retour, il a le même vent debout. Construire son graphique aller-retour : 1° avec l'hypothèse d'un vent nul ; 2° avec l'hypothèse précédente. Calculer la vitesse moyenne graphiquement dans le second cas. Même question en substituant à l'aéroplane un cycliste faisant 20 km-heure (*fig*. 13).

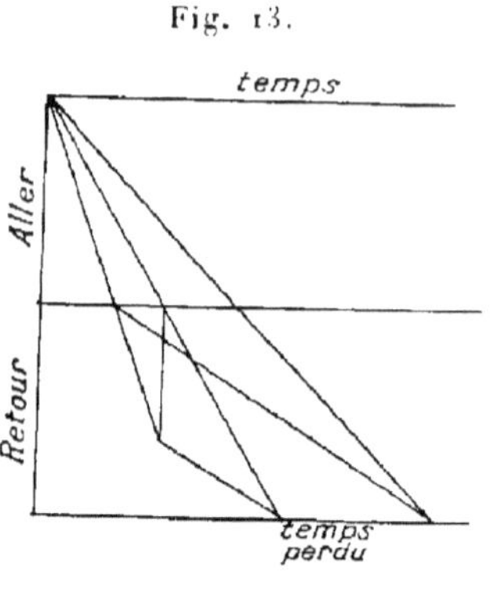

FONCTION LINÉAIRE RÉSULTANT DE LECTURES.

64. Une série d'expériences a donné les résultats suivants pour les valeurs d'une fonction y de la variable x :

x	23,4	44,7	65,4	86,8	107,5	128,8	149.6
y	3,4	4,7	5,4	6,8	7,5	8,8	9,6

(PERRY, *Mécanique appliquée*, t. I, p. 59). Construire les points x, y et trouver les coefficients a et b qui permettent le mieux d'exprimer approximativement y par une fonction telle que $y = ax + b$. Si l'on suppose les nombres ci-dessus exacts à 0,1 près (tous leurs chiffres exacts), quelle est l'approximation à laquelle on peut prétendre pour a et b ?

QUATRIÈME SÉRIE.

TRINOME DU SECOND DEGRÉ. FONCTION HOMOGRAPHIQUE.

Algèbre élémentaire : 29. 65-66, 77, 144, 158. 161, 166-167. 201.

65. Construire les paraboles

$$y = 3,5\,x^2 - x + 1,7, \qquad y = 2,3\,x - 3,6\,x^2,$$
$$y = 3 - x - 0,02\,x^2,$$

avec des échelles convenables pour que toute la partie des courbes correspondant à l'intervalle $-5 < x < 5$ soit dans la feuille. Les trois échelles d'ordonnées pourront être différentes. On construira d'abord le sommet et l'axe; puis un ou deux points avec leur tangente, le point sur Oy en particulier. Pour la dernière parabole, le sommet n'est pas dans la feuille : on s'aidera de la considération de la droite $y = 3 - x$.

Construire le foyer et la directrice des deux premières paraboles. Quelles que soient les échelles, les courbes tracées sont des paraboles, mais la position du foyer *dépend* de ces échelles.

66. **Chute libre des corps.** — Courbe $e = \frac{1}{2} g t^2$; $g = 981$ C.G.S. Utiliser le graphique pour la résolution des problèmes suivants : durée d'une chute de 10^m, 20^m, 200^m; espace parcouru pendant 1, 2, ... secondes.

Avec le *même* graphique, résoudre les différents problèmes relatifs à la chute des corps avec vitesse initiale v_0. On pourra s'y prendre de l'une des deux façons suivantes : 1° l'équation est

$$e = \frac{1}{2} g t^2 + v_0 t$$

et elle peut s'écrire

$$e + \frac{v_0^2}{2 g} = \frac{1}{2} g \left(t + \frac{v_0}{g} \right)^2.$$

Si donc on a tracé le premier graphique, en reculant l'axe des e de $\frac{v_0^2}{2 g}$ et l'axe des t de $\frac{v_0}{g}$, on aura de nouveaux axes par rapport auxquels le graphique primitif répondra à la question.

2° Tracer le **diagramme des vitesses** sur la même figure avec la même échelle des t et une échelle arbitraire des v; le diagramme est une droite $v = g t$. Marquer le point de ce diagramme où la vitesse est v_0 (d'ordonnée v_0). Les axes parallèles aux premiers et passant par le point de la parabole qui correspond à la même valeur de t sont les mêmes que ceux trouvés au 1°.

On déterminera graphiquement, pour $v_0 = -10$ m-s par exemple, la hauteur atteinte, la durée de la montée et de la descente.

67. Vitesse acquise au bout d'une chute égale à h : $v^2 = 2 g h$ ou $v^2 - v_0^2 = 2 g h$. — Le premier graphique suffit; le second s'en déduit par une translation de l'axe des v, car

$$v^2 = 2 g \left(h + \frac{v_0^2}{2 g} \right).$$

Les problèmes qu'on peut se poser à ce sujet peuvent se traiter avec le graphique $e = \frac{1}{2} g t^2$ auquel on adjoint le diagramme des vitesses : on pourra, en effet, connaissant e, en déduire t puis v, ou inversement. Exemple : un mobile est lancé vers le haut avec une vitesse de 100^m à la seconde. Quelle sera sa vitesse à 100^m du point de départ? Résoudre la question des deux manières.

68. Machine d'Atwood. — Masses égales, $M = 150^g$; masse additionnelle, $m = 20^g$. Établir le graphique de la chute. L'accélération est $\gamma = \dfrac{m}{m + 2M} g$. Au moyen du graphique, régler le curseur pour des temps de chute de 1, 2, 3 secondes. Vérifier expérimentalement si possible. Force vive de la partie mobile au moment de l'un des chocs; vitesse du mouvement uniforme qui succède au mouvement accéléré quand m est arrêtée.

69. Chute des corps sur le plan incliné, avec frottement. — Le mouvement est uniformément accéléré, l'accélération est $g \sin\alpha - fg \cos\alpha$ pendant la montée, $g \sin\alpha - fg \cos\alpha$ pendant la descente. Si l'on fait l'expérience, on mesurera α (par sa tangente) et f sera donné par les tables. Si l'on a simplement pour but de tracer le graphique pour étudier les circonstances du mouvement, on peut prendre, par exemple, $\alpha = 30°$, $f = 0,12$; on construit la parabole de montée, celle de descente et les deux diagrammes de vitesse. La vitesse initiale (vers le haut) ne serait pas commode à mesurer. On la calculera graphiquement d'après la distance maximum franchie en montée. On prend donc pour origine provisoire du graphique le sommet commun des deux paraboles, et l'on place l'origine véritable d'après l'ordonnée du maximum atteint supposé mesuré expérimentalement (le prendre égal à $e = 30^{cm}$). Calculer ainsi la vitesse initiale, et comparer le diagramme avec celui qui correspondrait, avec la même vitesse initiale, à l'absence de frottement. Différence des espaces franchis, des temps de montée, de descente, du temps total, montée et descente.

70. Tir parabolique des projectiles. — Un canon procure à l'obus une vitesse initiale de 400 m-s. Résoudre graphiquement les diverses questions suivantes : Inclinaisons de l'âme pour atteindre un point situé à 8^{km} de distance horizontale

(lue sur la carte) et à 100^m en contrebas. On remarquera que
les paraboles trajectoires ont même directrice, à la distance $\dfrac{v^2}{g}$
au-dessus du point de lancée. Le foyer de la parabole cherchée
est donné par l'intersection de deux cercles ayant pour centres
le canon et le point à atteindre. Mesurer les deux valeurs de
l'inclinaison. Déterminer la parabole de sûreté : enveloppe des
paraboles trajectoires, ou encore lieu des points qui ne
peuvent être atteints que d'une seule façon. Sur la même
figure, tracer le diagramme des vitesses $v^2 - v_0^2 = 2gh$ (h, différence de niveau des points où les vitesses sont v et v_0). On
remarquera que les trajectoires réelles sont très différentes
des trajectoires paraboliques.

71. Résistance de l'air. — Construire la courbe $f = ksv^2$
qui donne la force f agissant sur une plaque de surface s normale au vent de vitesse v; k est tel que la force soit de 80^g par
mètre carré dans un vent de 1^m à la seconde. Quelles sont les
dimensions de k? Prendre pour s la surface d'un carré de
$0^m,15$ de côté. On suppose le poids du carré égal à 715^g. Pour
quelle valeur de la vitesse la résistance de l'air sera-t-elle
égale au poids? (Expériences de MM. Cailletet et Colardeau
à la Tour Eiffel.) Quelle distance aura alors franchi le carré
supposé tomber en chute libre? Ce dernier calcul sera fait en
négligeant la résistance de l'air.

FONCTION HOMOGRAPHIQUE.

72. Construire la courbe

$$y = \frac{x - 1,5}{3 - 0,7x}.$$

Déterminer les asymptotes. Quelles que soient les échelles,
la courbe est une hyperbole équilatère. Calculer sa distance
focale. Les échelles influent sur ce dernier calcul. Déterminer

un point de l'hyperbole et en déduire d'autres par le tracé indiqué (ex. **36**, p. 18).

73. Soient v la **vitesse d'un train** en kilomètres à l'heure, n le nombre de secondes qu'il met à parcourir 1^{km}. Construire la courbe qui représente la relation $nv = 3600$ qui lie ces deux nombres. La vitesse v (ordonnée) devra varier de 30 à 120.

74. Étudier les variations de la somme de deux nombres dont le produit est constant. — Soit a le produit; la fonction est $x + \dfrac{a}{x}$. Construire la courbe par addition des ordonnées des deux courbes $y = x$ et $y = \dfrac{a}{x}$. On trouve (**767**) une hyperbole dont les asymptotes sont l'axe des y et la droite $y = x$. Déterminer le minimum de la fonction, soit en construisant graphiquement le lieu des milieux des cordes parallèles à l'axe des x [ce lieu est un diamètre (**74**); on devra vérifier qu'on obtient des points en ligne droite] et en prenant l'intersection avec la courbe; soit en construisant le diamètre comme conjugué harmonique de l'axe des x par rapport aux deux asymptotes. On doit vérifier que l'abscisse du minimum est $\sqrt{a}$ et l'ordonnée $2\sqrt{a}$.

75. Variations du produit de deux facteurs dont la somme est constante, ou variations de $x(a-x)$. — On fait varier x seulement de zéro à a. La courbe est un arc de parabole.

CINQUIÈME SÉRIE.

LES FONCTIONS CIRCULAIRES.

Trigonométrie, 142, 162, 172.

SINUSOÏDE.

76. Construire une sinusoïde $y = \sin x$. — On se bornera à faire varier x de o à 90°. Prendre par exemple pour échelles 1 degré $= 2^{mm}$, et pour échelle des ordonnées, l'unité $= 10^{cm}$. Pour construire la courbe, on utilisera la tangente à l'origine; son coefficient angulaire est égal à 1; remarquer que 18^{cm} horizontaux équivalent à $\frac{\pi}{2} = 1,570$. On a ensuite les points suivants :

$$x = \frac{\pi}{6}, \qquad y = 0,5; \qquad x = \frac{\pi}{4}, \qquad y = 0,707;$$
$$x = \frac{\pi}{3}, \qquad y = 0,866.$$

On peut construire le cercle de courbure (*voir* **179**) au point $x = \frac{\pi}{2}$. Le rayon de courbure est égal à 1. Mais, à cause des échelles différentes, le cercle de courbure est remplacé par une ellipse dont on déterminera le centre, les longueurs d'axes et dont on construira le cercle osculateur (**78**).

Tracer la courbe avec soin avec ces simples données. Constater au moyen d'une table de sinus qu'elle donne immédiatement le sinus d'un angle à 0.01 près sans hésitation. Un arc 'quelconque peut se lire à 3 minutes près, si l'on admet qu'on peut apprécier le $\frac{1}{10}$ de millimètre. Avec cette même précision dans le dessin, la courbe donne le sinus à 0,001 près.

Utiliser le même dessin pour traiter le problème inverse : arc répondant à un sinus donné.

Sur la droite d'abscisse 18^{cm}, parallèle à l'axe des y, établir une graduation en sens inverse, dans le but d'utiliser la même courbe pour le calcul des cosinus, ou des arcs-cosinus.

Vérifier, au moyen de quelques valeurs prises au hasard, que le sinus et le cosinus d'un même arc vérifient la relation $\sin^2 x + \cos^2 x = 1$.

77. Addition des arcs. — Prendre au hasard deux arcs a et b, par exemple

$$a = \quad 28°20', \qquad b = \quad 45°30';$$
$$a = -\ 17°15', \qquad b = \quad 68°50' :$$
$$a = \quad 236°30', \qquad b = -453°20';$$

calculer, en se servant de la courbe, les nombres

$$\sin a, \quad \sin b, \quad \cos a, \quad \cos b, \quad \sin(a \pm b), \quad \cos(a \pm b),$$

et vérifier que les quatre dernières valeurs sont bien celles qu'on obtiendrait en appliquant les formules d'addition aux quatre premières [utiliser les tables ou la règle à calcul (**232**) pour faire les multiplications; constater que son emploi est légitime].

78. Multiplication. — Construire au moyen de la même courbe, la courbe

$$y = \sin 2x = 2 \sin x \cos x,$$

Vérifier que l'on trouve une sinusoïde, qu'on peut aussi déduire de la première en divisant par 2 les abscisses répondant à une certaine ordonnée.

TANGENTE.

79. Construire la courbe $y = \mathrm{tang}\,x$. Échelles : 1 degré $= 4^{mm}$, 1 ordonnée $= 10^{cm}$. On ne devra faire varier x que de o à $\frac{\pi}{4}$; on construira (*fig.* 14) le point $x = \frac{\pi}{4}$, $y = 1$; la tangente à l'origine, de coefficient angulaire égal à 1 et la tangente au point $x = \frac{\pi}{4}$, de coefficient angulaire égal à 2 (146). On constatera que, si l'on voulait continuer le tracé lorsque x varie de $\frac{\pi}{4}$ à $\frac{\pi}{2}$, celui-ci deviendrait très imprécis.

Pour les valeurs comprises entre $\frac{\pi}{4}$ et $\frac{\pi}{2}$, on utilisera la *même* courbe, en remarquant que deux arcs complémentaires ont des tangentes inverses : sur une parallèle à Ox (par exemple $y = 1$), on écrira une graduation de 45° à 90° en sens inverse de la graduation o°-45° et sur une parallèle à l'axe des y (par exemple $x = 45°$) une graduation en inverses d'ordonnées (par exemple, sur la droite $y = 0,5$, on inscrira 2). Cette dernière graduation peut être supprimée et remplacée par la construction suivante : Soit OM l'ordonnée dont on veut évaluer l'inverse. On porte sur Ox un segment OA $=$ l'unité d'ordonnée (10^{cm}) et l'on fait un angle droit MAM′, par exemple, en construisant cet angle droit sur un papier transparent et amenant son sommet en A et l'un de ses côtés sur AM. On a

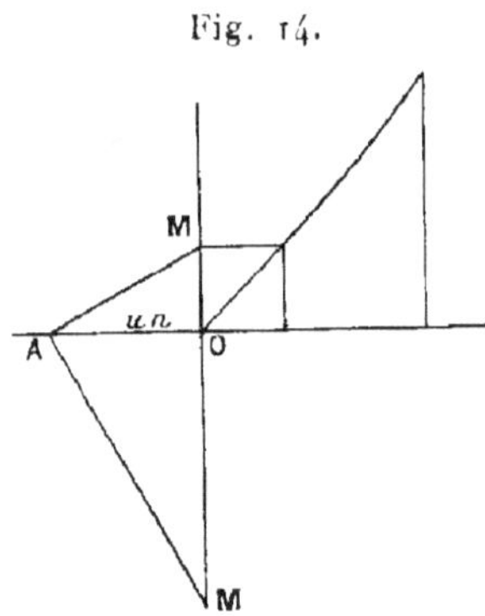

Fig. 14.

$$OM' . OM = OA^2 = 1 \qquad \text{ou} \qquad OM' = \frac{1}{OM}.$$

Si, au lieu de OA $= 1$, on prend OA $= a$, on a

$$OM' = \frac{a^2}{OM};$$

par exemple si $OA = 5^{cm} = \frac{1}{2}$, on a

$$OM' = \frac{1}{4\,OM}$$

et, par suite, il faudra multiplier par 4 les nombres lus, OM'. On pourra prendre $OA = 10^{cm}$ pour x voisin de $\frac{\pi}{4}$, $OA = \frac{1}{2}$ (5^{cm}) pour OM compris entre 0,5 et 0,1, $OA = 0,1$ (1^{cm}) ensuite pour de plus petites valeurs de OM.

80. Vérifier au moyen des deux courbes déjà tracées $y = \sin x$ et $y = \tang x$ que $\tang x = \frac{\sin x}{\cos x}$. Les deux courbes peuvent être tracées sur la même feuille (avec la même échelle d'abscisses). Résoudre graphiquement les problèmes suivants : Connaissant le sinus, ou le cosinus, ou la tangente d'un arc, calculer ses autres lignes trigonométriques.

Au moyen de la courbe $y = \tang x$, vérifier la formule qui donne $\tang(a + b)$.

81. Calculer la tangente d'un arc x compris entre $\frac{\pi}{4}$ et $\frac{\pi}{2}$ en posant $x = \frac{\pi}{4} + z$ et appliquant la formule

$$\tang x = \frac{1 + \tang z}{1 - \tang z},$$

$\tang z$ est donné par la courbe.

GRAPHIQUE TENANT LIEU DE TABLE DE SINUS.

82. Tracer (sur du papier millimétrique) un quart de cercle de rayon 10^{cm}. Graduer ce cercle en degrés (un degré équivalant environ à $1^{mm},74$). Mesurer directement sur la figure le sinus, le cosinus ou la tangente d'un arc quelconque.

Pour la graduation en degrés, on construira les extrémités des arcs de 30°, 60°, puis 15° et ses multiples. On divisera l'arc de 15° en 15 parties égales en divisant la corde en 15 parties,

Évaluer l'erreur graphique, l'erreur théorique. On tracera en traits très fins à l'encre les rayons vecteurs correspondant aux arcs de 5 en 5 degrés; ces rayons seront prolongés jusqu'à l'axe des tangentes. Les lectures se feront au moyen d'un transparent sur lequel sera tracée une ligne droite très fine que, suivant les cas, on fera passer par l'origine, ou qu'on placera parallèlement aux axes. A quelle approximation se fait la lecture d'un arc? Quelle approximation obtient-on sur le sinus, le cosinus ou la tangente? On doit avoir assez facilement 0,01. Problème inverse : arc répondant à une valeur donnée de son sinus, cosinus ou tangente; calculer les trois lignes connaissant l'une d'elles.

Pour un arc supérieur à $45°$ on lira sa cotangente sur la parallèle à l'axe des cosinus menée tangente au cercle. La tangente est l'inverse (*voir* ex. **79**).

COURBES APPROCHÉES.

83. Construire la courbe $y = \dfrac{x}{\sin x}$ en supposant que x varie de 0 à $90°$. On n'oubliera pas que x est évalué en radians; pour le calcul, on pourra soit utiliser une table de sinus, soit se servir de la sinusoïde déjà construite : on trace la droite $y = x$ et pour une valeur quelconque, x, de l'abscisse, on évalue le rapport de l'ordonnée des deux points correspondants de la sinusoïde d'une part, de la droite $y = x$ d'autre part. Remarquer que le rapport tend vers *un* quand x tend vers zéro. Tangente au point de départ.

Évaluer graphiquement l'erreur relative commise en prenant x comme valeur approchée de $\sin x$ $(1 - y)$. Pour quelles valeurs de x cette erreur est-elle inférieure à 0,1, à 0,01.

84. Construire la courbe $y = x - \dfrac{x^3}{6}$; on la déduira de la droite $y = x$ en retranchant de chaque ordonnée le nombre $\dfrac{x^3}{6}$;

on se limitera à l'intervalle $0 < x < \dfrac{\pi}{2}$. La courbe trouvée est au-dessous de la sinusoïde $y = \sin x$, et elle en est très voisine. Quelle est la plus grande erreur absolue (graphique); la plus grande erreur relative $\left(\text{on annulera pour cela la dérivée de } \dfrac{\sin x - x + \dfrac{x^3}{6}}{\sin x}\right)$ (158) ?

85. **Construire la courbe** $y = 1 - \dfrac{x^2}{2}$. C'est une parabole dont l'arc compris entre $x = 0$ et $x = \dfrac{\pi}{2}$ est assez voisin de la courbe $y = \cos x$. Étudier comme à l'exercice précédent le maximum de l'erreur absolue; de l'erreur relative : celle-ci devient très grande quand x est voisin de $\dfrac{\pi}{2}$. Reprendre la même question en faisant varier x de 0 à $\dfrac{\pi}{4}$ ou de 0 à $\dfrac{\pi}{3}$ seulement. L'approximation devient satisfaisante. Pour les valeurs plus grandes de x, on prend

$$\cos x = \sin\left(\frac{\pi}{2} - x\right) = \frac{\pi}{2} - x - \frac{1}{6}\left(\frac{\pi}{2} - x\right)^3.$$

ÉQUATION TRIGONOMÉTRIQUE.

86. **Résoudre l'équation**

$$2 \sin x - 0{,}3 \cos x = 1{,}6.$$

Posons $\cos x = X$ et $\sin x = Y$; on est ramené à chercher l'intersection des deux courbes

$$X^2 + Y^2 = 1, \qquad 2Y - 0{,}3 X = 1{,}6.$$

On peut encore chercher l'intersection du cercle de rayon $1{,}6$ ayant pour centre l'origine avec la courbe dont l'équation en coordonnées polaires (11, 26, 61) est

$$2 \sin \theta - 0,3 \cos \theta = r.$$

Cette courbe est également un cercle.

87. Projection de l'hélice. — Une hélice tracée sur un cylindre de révolution a pour projection sur un plan passant par l'axe une sinusoïde. Le démontrer et construire la projection en effectuant l'épure.

SIXIÈME SÉRIE.

Trigonométrie élémentaire, 13-17.

88. Résoudre un triangle connaissant un côté $a = 225^m,52$ et les deux angles adjacents $B = 27°28'15''$, $C = 68°15'54''$. Les angles ont été mesurés sur le terrain. Est-il raisonnable de les évaluer à $1''$ près? Quelle est la longueur d'un arc de $1''$, de rayon égal à 100^m?

Faire le calcul au moyen des Tables. Avec quelle approximation obtient-on les côtés?

Comparer les résultats avec ceux que donnerait la construction du triangle, par exemple à l'échelle $\frac{1}{1000}$.

Construire le triangle au moyen des six éléments, angles et côtés, dont trois sont connus et les trois autres ont été calculés, notamment au moyen des trois côtés.

Questions analogues pour un triangle dont on donne

$$a = 178^m,4, \qquad b = 256^m,2, \qquad C = 58°25'.$$

89. Un levé sur le terrain a donné (*fig.* 15) les résultats suivants ($AB = 240^m,53$) :

$$\hat{B} = 70°25', \qquad \hat{A_1} = 51°32', \qquad A_2 = 43°25',$$

$$\hat{C_1} = 56°42', \qquad \hat{C_2} = 23°50', \qquad \hat{D_1} = 36°27',$$

$$\hat{D_2} = 46°25', \qquad E = 60°42'.$$

Faire les calculs nécessaires pour pouvoir en déduire la planimétrie du terrain à l'échelle 0,0005. En déduire la longueur d'un canal rectiligne joignant B à F, ainsi que la direction initiale de ce canal. On mesurera la longueur IA sur l'épure et l'on en déduira l'angle ABI.

Fig. 15.

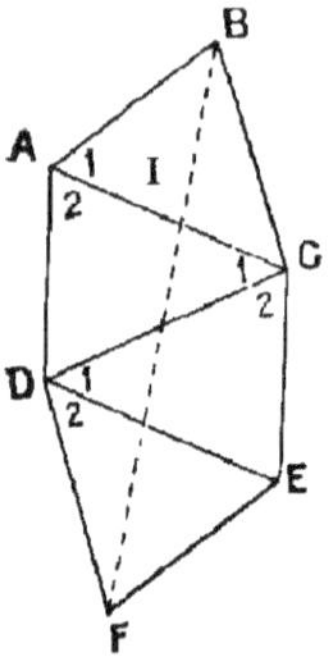

90. **Évaluer la longueur d'un arc de parallèle de $1°$ à la latitude de Paris, $48° 50' 49''$.**

91. Calculer la distance du Havre à New-York mesurée sur le grand cercle qui joint ces deux points. Utiliser la formule (18) **(17)** en prenant le méridien du Havre pour plan zOx, et l'équateur pour plan xOy. Données :

Le Havre . . . .   latitude $49°30'$ longitude E $15'$,
New-York. . . . .   latitude $40°45'$ longitude O $74°$.

SEPTIÈME SÉRIE.

CALCULS APPROCHÉS. PROCÉDÉS EMPIRIQUES.

227-232.

ERREUR ABSOLUE, ERREUR RELATIVE.

92. On mesure un champ rectangulaire avec la chaîne d'arpenteur. Ses dimensions sont $345^m,2$ et $528^m,6$ à 1^{dm} près. Calculer son aire. Erreur commise (environ 90^{m^2} ou un are).

93. On mesure au pied à coulisse la hauteur d'un cylindre; on trouve $5^{cm},12$ à $0,01$ près. Le diamètre donné par un palmer est de $1^{cm},325$ à $0^{cm},005$ près. Calculer le volume, l'erreur commise sur le volume (40^{mm^3} environ).

94. Une sphère creuse a pour diamètres $5^{cm},18$ (à 0.01 près au pied à coulisse) et $4^{cm},26$ à $0,01$ près. Calculer l'erreur de son volume. On trouve un peu plus de $0^{cm^3},5$. La sphère est munie d'une pointe formée d'un cylindre de $0^{cm},82$ de diamètre et $0^{cm},1$ de hauteur et d'un cône de même base et de hauteur $0^{cm},62$. Tenir compte de ce volume supplémentaire dans le calcul du volume de la sphère.

Réponse : Le volume de la pointe est d'environ $0^{cm^3},15$, donc bien inférieur à l'erreur commise sur le volume. Il ne faut donc en tenir compte que pour modifier l'erreur avec laquelle ce volume est connu.

42   CALCULS APPROCHÉS. PROCÉDÉS EMPIRIQUES.

95. On veut utiliser le cylindre de l'exercice **93** pour évaluer la densité de la substance qui le compose. On trouve sa masse égale à $4^{gr},325$ ou $0^{gr},001$ près. Avec quelle approximation pourra-t-on obtenir la densité ? (environ $0,05$ près).

Dans chacun des exercices précédents, calculer l'erreur relative du résultat au moyen des erreurs relatives des données.

96. Reprendre l'exercice **93**. L'erreur est d'environ 40^{mm^3} ou $0^{cm^3},04$. On ne peut donc obtenir plus d'un chiffre décimal exact. Faire le calcul en ne gardant dans chaque opération intermédiaire que deux ou trois chiffres décimaux. Calculer la nouvelle erreur du résultat (elle sera probablement supérieure à $0,04$). Écrire le résultat définitif.

On traitera de même les exercices (**94**) et (**95**).

97. On se propose de **mesurer** g au moyen d'un pendule simple de longueur l. On a la formule

$$g = \frac{\pi^2 l}{t^2}.$$

On ne peut avoir l mieux qu'à $0^{cm},1$ près. Avec quelle approximation convient-il de mesurer t, de prendre π ?

MÉTHODE GUYOU.

98. M. Guyou a imaginé un procédé commode pour prévoir, d'après l'approximation, à obtenir sur le résultat, le nombre des décimales à conserver dans chacune des opérations intermédiaires. Nous allons voir le procédé en œuvre sur un exemple.

Soit à calculer $x = \dfrac{a^2 b}{c}$ à $0,1$ près *avec 1 décimale.*

On a

$$a = 2,7182\ldots; \qquad b = 1,5692\ldots; \qquad c = 3,6578\ldots$$

On inscrit dans une première colonne les données dans l'ordre où on les rencontre en effectuant le calcul, ainsi que tous les résultats intermédiaires, chacun étant désigné par une lettre. Dans une deuxième et troisième colonne, on inscrit des valeurs approchées par défaut et excès de ces mêmes nombres, valeurs calculées grossièrement, en s'aidant de la règle, par exemple. Ainsi dans l'exemple actuel, on écrira

$$
\begin{array}{lcc}
a\dots\dots\dots\dots\dots\dots\dots\dots\dots & 2,7 & 2,8 \\
a^2 = d\dots\dots\dots\dots\dots\dots & 6 & 9 \\
b\dots\dots\dots\dots\dots\dots\dots\dots & 1,5 & 1,6 \\
bd = e\dots\dots\dots\dots\dots\dots & 7 & 11 \\
c\dots\dots\dots\dots\dots\dots\dots\dots & 3,6 & 3,7 \\
\dfrac{e}{c} = x\dots\dots\dots\dots\dots\dots & 2,2 & 5
\end{array}
$$

Dans les deux colonnes suivantes, on inscrira les erreurs à commettre sur les nombres : dans la première on écrit l'erreur totale permise, et dans la deuxième l'erreur du résultat *brut*, c'est-à-dire tel que l'opération le fournit, avec toutes ses décimales. Cette deuxième erreur est inférieure à la précédente et s'en déduit aisément : supposons que l'erreur totale soit de 0,065. On gardera seulement deux chiffres décimaux au résultat brut, et l'on conservera le second tel quel ou on l'augmentera de 1 suivant que le premier chiffre négligé est inférieur à 5 ou au moins égal à 5. L'erreur provenant de cette suppression de chiffres est au plus 0,005 ; et, par suite, l'erreur sur le résultat brut doit être 0,065 — 0,005 = 0,06. On aurait même pu, en procédant de même, ne garder qu'un seul chiffre décimal, d'où une erreur de 0,05. L'erreur du résultat brut serait alors 0,015, mais il vaut mieux conserver un chiffre de plus que de faire un calcul au 0,01 pour n'obtenir qu'un résultat à 0,06 près.

On commencera par la dernière ligne, on écrira

$$
\frac{e}{c} = x\dots\dots\dots\dots \quad 2,2 \quad 5 \quad 0,1 \quad 0,05
$$

et l'on applique la formule d'erreurs

$$\frac{e\,\delta c + c\,\delta e}{c^2} < 0,05$$

(e, c par excès en haut, par défaut en bas) ou, d'après le Tableau,

$$14\,\delta c + 3,7\,\delta e < 0,5 \qquad (c^2 = 10),$$
$$14\,\delta c < 0,4, \qquad 3,7\,\delta e < 0,1;$$

ou enfin

$$\delta c < 0,03, \qquad \delta e < 0,03 \text{ (environ)}.$$

Le Tableau se présente ainsi : nous inscrivons dans les colonnes suivantes le nombre des chiffres à calculer et les résultats numériques

$bd = e$....... 9	14	0,03	0,025	3	
c........... 3,6	3,7	0,03	0,03		3,65
$\dfrac{e}{c} = x$....... 2,2	5	0,1	0,05	2	

On voit qu'il faut calculer bd à $0,025$ près, en calculer seulement trois chiffres décimaux dont on ne gardera que les deux premiers. D'ailleurs la multiplication *ordinaire* se faisant de droite à gauche, il n'y a aucun intérêt à remarquer que les trois premiers chiffres décimaux seuls sont utiles. Il n'en serait évidemment pas ainsi pour une division. On appliquera la formule d'erreurs

$$b\,\delta d + d\,\delta b < 0,025$$

ou

$$1,6\,\delta d + 9\,\delta b < 0,025.$$

On prendra

$$1,6\,\delta d < 0,005, \qquad 9\,\delta b < 0,020$$

ou

$$\delta d < 0,003, \qquad \delta b < 0,002.$$

Donc $b = 1,57$ et ainsi de suite. Voici le Tableau complet :

a.............	2,7	2,8	0,0004			2,718
$a^2 = d$......	6	9	0,003	0,0025	4	7,388
b............	1,5	1,6	0,002			1,57
$bd = e$......	9	14	0,03	0,025	3	11,60
c............	3,6	3,7	0,03			3,65
$\dfrac{e}{c} = x$........	3,2	5	0,1	0,95	2	3,2

99. Appliquer le même procédé aux calculs suivants :

$x = \dfrac{ab}{c^2}$ à 0,1 près :

$$a = 0,8756\ldots,$$
$$b = 2,1562\ldots,$$
$$c = 1,6514\ldots.$$

$x = a\sqrt{b} + c\sqrt{a}$ à 0,1 près :

$$a = 2,1143\ldots,$$
$$b = 1,8625\ldots,$$
$$c = 3,1546\ldots.$$

CALCUL D'UNE SUITE DE VALEURS.

100. Calculer le Tableau des valeurs de la fonction $3x - 2$ pour des valeurs de x de 0,1 en 0,1. — On remarque que l'augmentation de la fonction est 0,3 quand x augmente de 0,1. Les valeurs successives s'obtiendront donc en calculant la première (-2 pour $x = 0$) et ajoutant 0,3. D'où le Tableau :

x.........	0	0,1	0,2	0,3	0,4	....
y........	-2	$-1,7$	$-1,4$	$-1,1$	$-0,8$	....

101. Question analogue pour $y = x^2$ (Table de carrés, si x prend toutes les valeurs entières). Quand x augmente de h, x^2 augmente de $2xh + h^2$ qui est une fonction *linéaire* de x, et qui, par suite, augmente d'une quantité constante quand x augmente de h. On calculera donc directement les trois premières valeurs de x^2, les deux premières valeurs de l'augmentation (ou différences premières), et la valeur de l'augmentation de cette augmentation (ou différence seconde). *Il n'y aura plus ensuite que des additions à faire.* On écrira

x...................	0	1	2	3	4
x^2.................	**0**	**1**	**4**	9	16
Δx^2...............	**1**	**3**	5	7	9
$\Delta^2 x^2$..............	**2**	2	2	2	

Les nombres en caractères gras sont les seuls à calculer directement.

102. Question analogue pour un polynome du troisième degré : c'est la différence troisième qui est constante. Prendre pour exemple le polynome $x - \dfrac{x^3}{6}$ et substituer les valeurs de x de 0,01 en 0,01. Il suffit de calculer les quatre premières. On obtient ainsi des valeurs approchées de $\sin x$. Faire les modifications nécessaires pour le calcul des sinus des arcs *de degré en degré*.

On calculera de même $\cos x$ au moyen de la formule approchée $1 - \dfrac{x^2}{2}$. La différence seconde est constante.

Généraliser pour un polynome de degré n.

CALCUL DES LIGNES TRIGONOMÉTRIQUES.

103. Si le sinus d'un arc n'est connu qu'à 0,01 près, avec quelle approximation cet arc est-il déterminé? La formule d'erreurs est $\Delta y = \cos x . \Delta x$. L'erreur sur l'arc est inférieure à $\dfrac{1}{\cos x} \times 0,01$. Par exemple, pour tout arc inférieur à 60°, elle est inférieure à 0,02 radians, c'est-à-dire environ $0,02 \times 3600$ minutes ou un peu plus d'un degré.

Inversement, avec quelle approximation faut-il calculer un arc pour que son sinus puisse être calculé avec trois décimales? Comme $\Delta y < \Delta x$ il suffit que $\Delta x < 0,001$, soit environ 3 minutes.

Rapprocher ces résultats et ceux analogues relatifs à $\cos x$ et $\operatorname{tang} x$ des exercices (83) et (85).

RÈGLE A CALCUL.

Il ne s'agit pas actuellement de faire faire des calculs à la règle : l'étudiant a l'occasion de se servir de la règle en traitant les exercices de ce Livre. Mais il s'agit d'étudier l'approximation de la règle.

104. Calculer au moyen de la règle les nombres $1 - \dfrac{x^2}{2}$ et $\dfrac{x^3}{6}$ pour les valeurs de x : $0,01$, $0,02$, $\ldots$, en se limitant aux chiffres que la règle donne (3 ou 4). Comparer la Table ainsi dressée à celle obtenue à l'exercice (103). Les chiffres dont on peut répondre dans le calcul à la règle sont ceux qui sont les mêmes dans les deux cas. Quelle est l'erreur relative? Tient-elle à la règle, à un manque d'habileté? Recommencer les calculs; trouve-t-on les mêmes nombres?

Faire à la règle les calculs des exercices (92 à 96). Le résultat est-il aussi approché qu'il peut l'être d'après les erreurs dont les données sont entachées? On trouvera que l'erreur est plus grande que celle dont le calcul est susceptible, d'après l'erreur des données. On suppose que le dernier chiffre de chacune des données dans ces exercices est inconnu, par exemple le diamètre du cylindre est $1^{cm},32$ à $0^{cm},01$ près. La règle peut alors donner le maximum de précision dont le calcul est susceptible.

FRACTIONS CONTINUES.

105. Soit une fraction à termes très grands et probablement irréductible (c'est-à-dire qu'il n'y a pas de facteur commun simple. comme 2, 3, 5, … en évidence). On se propose de la remplacer par une fraction à termes beaucoup plus petits et qui en soit une bonne valeur approchée. Soit $\frac{221}{145}$ par exemple. Divisons 221 par 145, on a

$$221 = 145 \times 1 + 76$$

ou

$$\frac{221}{145} = 1 + \frac{1}{\dfrac{145}{76}};$$

de même

$$145 = 76 \times 1 + 69$$

et l'on a

$$\frac{221}{145} = 1 + \frac{1}{1 + \dfrac{69}{76}},$$

On divisera 76 par 69, et ainsi de suite. Les valeurs successives 1; $1 + \frac{1}{1} = 2$; $1 + \frac{1}{1+1} = 1,5$; … sont des valeurs de plus en plus approchées *et à termes simples* de la fraction proposée. Ces valeurs ne sont avantageuses que lorsqu'on ne doit pas calculer en nombres décimaux (cas très rare).

Évaluer les erreurs commises; constater que les résultats sont approchés successivement par défaut et par excès.

Appliquer à d'autres exemples :

$$\sqrt{2} = 1,414 = \frac{1414}{1000} \qquad \text{ou} \qquad 1,4142 = \frac{14142}{10000}.$$

$$\pi = 3,1416 = \frac{31416}{10000}.$$ On trouvera pour π les valeurs successives 3, $\frac{22}{7}$, $\frac{355}{113}$ qui sont les valeurs indiquées par Archimède et par Adrien Métius.

QUELQUES PROCÉDÉS EMPIRIQUES.

106. Longueur de la circonférence. — Démontrer que le nombre $\sqrt{3} + \sqrt{2}$ constitue une bonne valeur approchée du nombre π. En déduire une construction d'un segment de droite égal (à peu près) à une circonférence donnée. Mesurer le segment construit. L'erreur due à l'imperfection du dessin est-elle inférieure ou supérieure à l'erreur théorique?

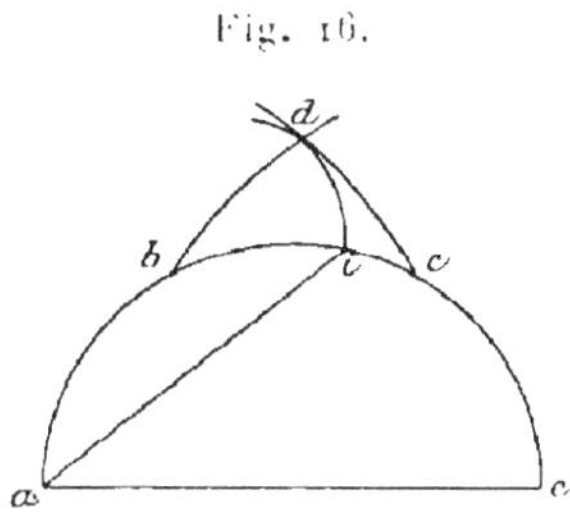

Autres tracés. — Inscrire dans le cercle (*fig.* 16) l'hexagone régulier *abce*.... Soit *d* l'intersection des cercles de centres *a* et *e* et de rayons *ac* ou *be*. Le cercle de centre *b* et de rayon *bd* coupe le cercle donné en *i*. Le segment *ai* est une valeur approchée du quart de la circonférence. Faire le calcul. On trouve

$$bd = \sqrt{3 - \sqrt{3}} \qquad \text{et} \qquad ai = \frac{1}{2} \times 3,1423.$$

Faire (*fig.* 17) $\overgroup{gon} = 30°$, $np = 3r$. La longueur pl est à peu près la demi-circonférence. On trouve

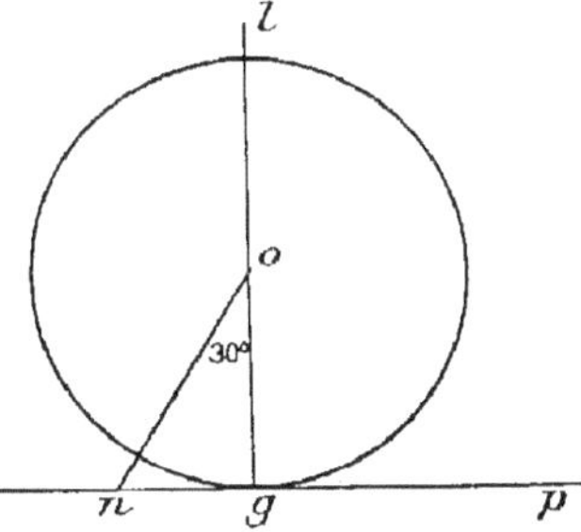

$$pl = \sqrt{\frac{10}{3} - 2\sqrt{3}} = 3,14153.$$

Dans chaque cas, faire la construction, mesurer directement la longueur trouvée. En déduire l'erreur de graphique et la comparer à l'erreur théorique : la première est toujours la plus forte.

107. Valeur approchée de $\sqrt{x^2 - y^2}$. — Dans de nombreuses questions de mécanique, on a à calculer une expression de la forme $\sqrt{x^2 + y^2}$. On la remplace par $0,83\,(x + y)$. Montrer que, quelles que soient les valeurs (positives) de x et de y, l'erreur relative est inférieure à $\frac{1}{6}$. L'erreur relative est

$$\frac{0,83(x+y)}{\sqrt{x^2+y^2}} - 1,$$

prise en valeur absolue.

On suppose dans la même question que le nombre appelé y doive constamment rester inférieur à x. On prendra alors

$$\sqrt{x^2+y^2} = 0,96x + 0,4y.$$

Montrer que l'erreur relative est inférieure à 4 pour 100.

On pose $\frac{y}{x} = z$, l'erreur relative est alors donnée par l'une des deux formules

$$u = \frac{0,83(1+z)}{\sqrt{1+z^2}} - 1$$

ou

$$u = \frac{0,96 + 0,4z}{\sqrt{1+z^2}} - 1.$$

Construire les courbes représentant ces fonctions (158 et suiv.). (Pour la première $z > 0$, pour la deuxième $0 < z < 1$.) Maximum de la valeur absolue de l'erreur relative.

108. Rectification de l'ellipse (Boussinesq, Soreau) (**289**). — On a la formule approchée

$$L = \frac{3}{2}\pi(a+b) - \pi\sqrt{ab}.$$

Évaluer l'erreur relative en fonction de $\frac{b}{a} = z$. Il entre dans cette erreur une intégrale qu'on ne peut évaluer qu'approximativement.

Posons $k = \frac{b}{a+b} = \frac{z}{1+z}$. On peut adopter la formule

$$L = 4a\frac{k\pi}{\sin k\pi}.$$

Variations de $\frac{L}{a}$ en fonction de z quand z varie de 0 à 1.

Plus généralement, l'arc compté du sommet B au point M s'obtient ainsi : soit M′ le point du cercle homographique qui a même ordonnée que M (67); soit $\theta = \text{BOM}'$, on a

$$\text{arc BM} = a \sin\theta \, \frac{2k\theta}{\sin 2k\theta}.$$

Évaluer l'erreur pour $k = 0$, $k = 1$, $k = \frac{1}{2}$.

HUITIÈME SÉRIE.

(130, 145-159, 199-20.)

109. Extrapolation. — Calculer le demi-périmètre des polygones réguliers suivants inscrits dans un cercle de rayon 1 : triangle, carré, pentagone, hexagone, octogone, décagone, dodécagone.

Porter en abscisse le nombre n de côtés du polygone, en ordonnée le demi-périmètre. Les points obtenus peuvent être joints par une courbe. Cette courbe admet une asymptote parallèle à l'axe des abscisses. L'ordonnée de cette asymptote est 3, 14. Échelles convenables : en abscisses, 1^{cm} ou $0^{cm}, 5$; en ordonnée, l'unité égale 10^{cm}. On obtient aisément le centième pour π.

110. Calcul graphique d'une dérivée. — Reprendre une des courbes représentatives de trinomes du second degré, déjà construites (ex. 65 à 71). Calculer la dérivée pour un certain nombre de valeurs de la variable, en mesurant la pente de la tangente aux différents points. Construire la courbe représentative de cette dérivée sur la même feuille en choisissant une nouvelle échelle d'ordonnées. Vérifier qu'on trouve une droite.

111. Même question pour la **courbe** $y = \dfrac{1}{x}$. (Vérifier que la dérivée est au signe près le carré de l'ordonnée y.)

112. Même question pour la **sinusoïde** (ex. 76) : on doit trouver une autre sinusoïde pour la courbe dérivée. Utiliser, au contraire, la valeur, $\cos x$, de la dérivée de $\sin x$ pour faciliter le tracé de la courbe $y = \sin x$ en cherchant la tangente en quelques points.

113. Un **quadrilatère articulé** (*fig.* 18) ABCD a les dimensions suivantes :

$$AB = 152, \qquad BC = 138, \qquad CD = 68, \qquad AD = 49.$$

Le côté AD est fixe ; le point B tourne autour du point A avec une vitesse angulaire constante de 200 tours à la minute.

Étudier le mouvement du point C. On portera le temps en abscisse et l'abscisse curviligne du point C sur sa trajectoire en ordonnée. On représentera un tour complet du point B. On construira un certain nombre de positions du quadrilatère (16 par exemple) et l'on mesurera directement l'abscisse curviligne du point C.

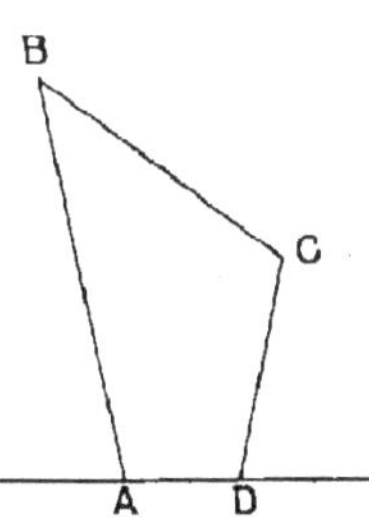

Déduire de la courbe des espaces parcourus celle des vitesses en mesurant la pente de la tangente. Déterminer la vitesse maximum, minimum.

Déduire de la courbe des vitesses celle des accélérations tangentielles (203) en mesurant la pente de la tangente à la courbe des vitesses.

114. Dérivées successives. — Une série d'expériences a donné pour une fonction $y(x)$ les valeurs suivantes :

x.....	—4	—3	—2	—1	0	1	2	3	4
y....	1,1	1,9	2,5	3,1	3,3	3,0	3,1	3,5	3,9

Construire ces valeurs (échelles, le centimètre ou le demi-centimètre), tracer la courbe.

Tracer la courbe des dérivées moyennes : par exemple pour $x = -3,5$

$$y'_{moy.} = \frac{1,9 - 1,1}{1} = 0,8.$$

La comparer à la courbe des dérivées déduite du tracé par continuité de la courbe $y(x)$. Celle-ci est plus vraisemblable.

Tracer de même la courbe $y''(x)$ et ainsi de suite. Constater que, en s'en tenant aux valeurs de y déduites de l'expérience, c'est-à-dire au Tableau précédent, et en s'aidant du sentiment de continuité, les courbes successives finissent par se rapprocher beaucoup : d'une droite, d'une parallèle à l'axe des x, enfin de l'axe des x lui-même. Déduire de là qu'on peut trouver un *polynome* (dont on déterminera le degré) qui remplace la courbe y avec une grande approximation. Rapprocher ces calculs et constructions du calcul des différences (ex. 100-103).

115. Reprendre les courbes déjà tracées (ex. 84) $y = \sin x$ et $z = x - \frac{x^3}{6}$. Construire sur la même feuille les deux courbes dérivées $\frac{dy}{dx}$ et $\frac{dz}{dx}$ (elles se ressemblent beaucoup); les deux courbes dérivées secondes $\frac{d^2 y}{dx^2}$ et $\frac{d^2 z}{dx^2}$: elles se ressemblent beaucoup moins; les deux courbes dérivées troisièmes : elles sont tout à fait différentes. C'est donc sur les dérivées d'ordre élevé que se manifestent les différences entre deux fonctions même très voisines.

116. Traduction graphique des **expériences de Cailletet et Colardeau à la tour Eiffel sur la résistance de l'air** (Eiffel, *La résistance de l'air*, p. 80). — On trouve les temps suivants pour les hauteurs de chute (h) de deux corps : une

DÉPÔT de — Laroche   *VE C 36   TENDER 129*
de la machine   Titulaire

(p. 55.)

flèche lestée (a), une plaque carrée horizontale lestée (b) :

(h) en mètres.

	20.	40.	60.	80.	100.	120.
(a) en secondes.	2,02	2,80	3,54	4,10	4,68	5,14
(b) en secondes.	2,12	3,28	4,26	5,16	6,10	7,06

(approximation du temps : 0,02).

Porter h en ordonnées, les temps en abscisses. Échelles, par exemple : 1^m de chute $= 1^{mm}$; 1 seconde $= 1^{cm}$. Tracer également aux mêmes échelles la courbe théorique de chute dans le vide (ex. 66) $\left(h = \frac{1}{2}g\,t^2\right)$. Elle est identique à la courbe (a). Est-on renseigné sur le tracé des courbes de $t = 0$ à $t = 2$? La continuité suffit-elle à obtenir ce tracé? Peut-on admettre que la vitesse initiale n'est pas nulle? Montrer qu'elle est nulle pour les deux courbes (on ne peut tracer une courbe convenable sans cela). Vitesse limite dans le cas (b) : Montrer que la vitesse devient constante. Calculer sa valeur limite au moyen du graphique. Diagramme des vitesses pour le cas (b) : remarquer que l'accélération au départ est g. Le diagramme des vitesses est donc tangent au diagramme théorique $v = gt$ (*voir* ex. 71).

117. Étude du chronotachymètre P.-L.-M. (Voir *Cours de Cinématique* de Bourguignon, t. II, p. 397.) — Les abscisses sont (*fig.* 19) proportionnelles aux temps : 1 minute $= 31^{mm},4$. Les traits noirs sont obtenus par des frappes qui se succèdent tous les $24^m,768$. Les traits triangulaires sont frappés toutes les 40 frappes. D'après ces indications, traduire en graphique le diagramme relatif au parcours Laroche-Paris. Prendre des échelles des temps et des espaces assez petites ($1^{km} = 1^{mm}$ par exemple et 1 minute $= 1^{mm}$). Comparer le diagramme avec celui d'un mouvement uniforme de même origine et même extrémité. Mesurer, à l'œil, le plus grand écart entre le train véritable et celui qu'on lui substitue au moyen de ce mouvement uniforme.

Fig. 19.

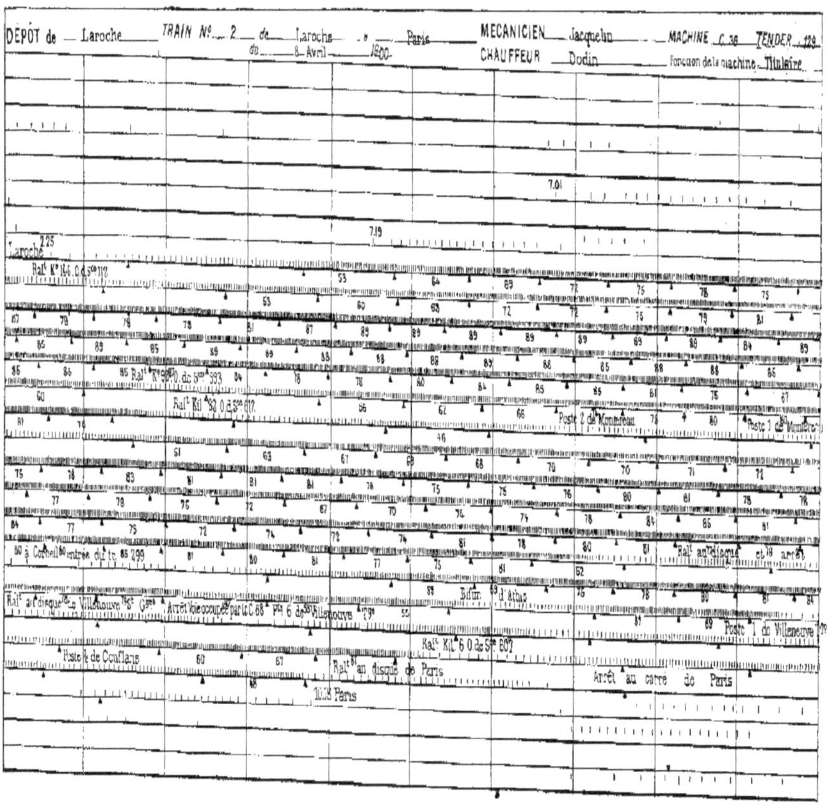

DÉPOT de Laroche   TRAIN Nᵒ 2 de Laroche à Paris   MECANICIEN Jacquelin   MACHINE C 38   TENDER 129
du 8 Avril 1900   CHAUFFEUR Dodin   Fonction de la machine Titulaire

(p. 55.)

Reprendre à plus grande échelle le départ de Laroche, les ralentissements à Montereau et à Corbeil, à Villeneuve-Saint-Georges, à Paris. Courbe des espaces parcourus en s'arrêtant au moment où la vitesse de régime est atteinte. Courbe des vitesses. Courbe des accélérations jusqu'au moment où elle devient à peu près nulle. Comparer les variations de la vitesse au freinage et au démarrage. Accélération initiale.

NEUVIÈME SÉRIE.

CALCULS EFFECTUÉS AU MOYEN DE SÉRIES.

(106, 117-129, 171-173, 286-288.)

118. Calculer avec quatre décimales le sinus de $23°27'45''$ en utilisant la série qui donne $\sin x$. On s'assurera, d'abord, que la connaissance de l'arc à $1''$ près entraîne la détermination des quatre décimales du sinus (sans quoi, il n'y aurait pas lieu de les calculer). Combien de termes faut-il prendre dans la série ? Avec quelle approximation calcule-t-on chacun d'eux ? Résultat définitif.

119. Calculer $\log 2$ en se servant de la série harmonique alternée

$$\log 2 = 1 - \frac{1}{2} + \frac{1}{3} - \frac{1}{4} + \dots$$

Faire le calcul à $0,1$ près.

120. Vérifier que la fonction $y = \dfrac{1+x}{1-x}$ prend toutes les valeurs positives quand x varie de -1 à $+1$. En déduire un moyen de calculer $\log y$ en remarquant que

$$\log y = \log(1+x) - \log(1-x),$$

ce qui donne un développement en série de $\log y$. On remplacera dans la série x par $\dfrac{y-1}{y+1}$. Faire le calcul pour $y = 10$.

La convergence est mauvaise. On se bornera à faire le calcul à 0,1 près.

On améliore le calcul en posant

$$\frac{1+x}{1-x} = \frac{n+1}{n},$$

d'où

$$x = \frac{1}{2n+1}.$$

On déduira ainsi le logarithme de $n+1$ de celui de n; et, de proche en proche, on aura les logarithmes des entiers. Appliquer ceci au calcul de $\log 2 (n=1)$, $\log 3 (n=2)$, $\log 4 = 2\log 2$, $\log 5 (n=4)$, et enfin $\log 10 = \log 2 + \log 5$. On se donnera à l'avance l'approximation (0,001 par exemple) avec laquelle on désire calculer $\log 10$.

121. Calculer π au moyen de l'une des séries donnant $\text{arc} \sin x$ ou $\text{arc} \tan g x$. Les séries convergent lentement pour $x = 1$. Pour la série $\text{arc} \sin x$, on pourra calculer $\text{arc} \sin \frac{1}{2}$ qui est $\frac{\pi}{6}$. La convergence est meilleure.

Le procédé suivant est préférable : remarquer que

$$\text{arc} \tan g\, a + \text{arc} \tan g\, b = \text{arc} \tan g \frac{a+b}{1-ab}.$$

Si donc $\frac{a+b}{1-ab} = 1$, on aura

$$\text{arc} \tan g\, a + \text{arc} \tan g\, b = \frac{\pi}{4}.$$

D'où π par addition de deux séries qui convergeront bien si a et b sont assez petits. La condition entre a et b peut s'écrire

$$a + b + ab - 1 = 0$$

ou encore

$$(1+a)(1+b) = 2.$$

Il suffit de prendre pour $1+a$ et $1+b$ deux fractions dont le produit soit égal à 2. Exemples :

$$\frac{6}{5} \times \frac{10}{6} = 2 \qquad a = 0,2 \qquad b = 0,666$$

$$\frac{7}{6} \times \frac{12}{7} = 2 \qquad a = \frac{1}{6} \qquad b = \frac{5}{7}$$

$$\frac{4}{3} \times \frac{3}{2} = 2 \qquad a = 0,333 \qquad b = 0,5$$

$$\frac{200}{101} \times \frac{101}{100} = 2 \qquad a = 0,01 \qquad b = \frac{99}{101}$$

122. Calculer les premiers termes du développement en série de $\tan x$, en admettant le développement de Mac Laurin, soit par le calcul direct des premières dérivées; soit par le quotient des séries qui donnent $\sin x$ et $\cos x$; soit par l'inversion du développement en série de $\arctan x$; soit en remarquant que $y' = 1 + y^2$ et en substituant dans cette équation différentielle un développement indéterminé

$$a x + b x^2 + c x^3 + \ldots,$$

Construire la courbe obtenue en gardant deux termes du développement $y = x + \dfrac{x^3}{3}$· La comparer à la courbe analogue pour $\sin x$.

FORMULE DU BINOME.

123. Dans quelles conditions peut-on poser

$$\frac{1}{1 + \alpha} = 1 - \alpha.$$

Limite de l'erreur commise. Si α est inférieur à 0,1, avec quelle approximation suffit-il que α soit connu pour que le calcul soit légitime ?

Dans quelles conditions d'approximation peut-on négliger $\alpha\beta$ dans le produit $(1 + \alpha).(1 + \beta)$ et poser

$$(1 + \alpha)(1 + \beta) = 1 + \alpha + \beta.$$

De même, question analogue pour l'égalité

$$\frac{1+\alpha}{1+\beta} = 1 + \alpha - \beta.$$

pour les formules approchées

$$\sqrt{1+x} = 1 + \frac{x}{2}, \qquad \sqrt{1+x} = 1 - \frac{x}{2} - \frac{x^2}{8}.$$

Construire et comparer les trois courbes représentatives (exacte et approchées); on obtient une droite et deux paraboles tangentes).

Étudier les formules approchées :

$$\sqrt[3]{1+x} = 1 + \frac{x}{3}, \qquad \sqrt[3]{1+x} = 1 + \frac{x}{3} - \frac{x^2}{9},$$

$$\frac{1}{\sqrt{1+x}} = 1 - \frac{x}{2}, \qquad \frac{1}{\sqrt{1+x}} = 1 + \frac{x}{2} + \frac{3}{8}x^2 ;$$

tracer dans chaque cas les deux courbes représentatives.

Développer en séries limitées à 2 ou 3 termes les fonctions

$$\sqrt{1 + ax + bx^2}, \quad \sqrt{1 + \sin x}.$$

Effectuer le calcul numérique des fonctions précédentes et de leurs valeurs approchées pour

$$\alpha = 0,025, \quad \beta = 0,031, \quad x = 0,146.$$

On donne la formule $y = ax + bx^2$, développer en série la fonction $x(y)$. Exemple : $a = 3,6$; $b = 0,124$.

DÉVELOPPEMENT DE TAYLOR.

124. Dans l'exercice 114, on a obtenu une courbe expérimentale au moyen de huit points. Trouver le développement en série d'une fonction prenant ces valeurs pour les mêmes valeurs de la variable. On a vu que le calcul des dérivées n'était possible qu'en se laissant guider par le sentiment de la continuité et qu'alors les dérivées deviennent nulles à partir d'un rang assez faible : le second ou le troisième. On déterminera donc un polynome du 1er, 2e ou 3e degré remplaçant la fonction. Il faudra le considérer comme le développement en série de la fonction cherchée. On comprendra que pour obtenir les dérivées supérieures de la fonction il faudrait connaître un grand nombre de valeurs de celle-ci et avec une très grande précision expérimentale.

APPLICATION DES SÉRIES AU CALCUL APPROCHÉ D'UN ARC.

125. On divise un arc de cercle en n parties égales, et l'on porte sur une droite n fois la corde de l'arc obtenu. Évaluer l'erreur commise : elle est n fois la différence entre l'arc et sa corde. Soient a l'arc, r le rayon, l'erreur est

$$\varepsilon = n\left(\frac{a}{n} - 2r\sin\frac{a}{2nr}\right).$$

Développer l'erreur en série suivant les puissances de $\frac{1}{n}$. Garder un seul terme de la série. Calculer n pour que ε soit inférieur à $0,01\,a$.

Justifier le tracé empirique suivant pour construire une longueur égale à un arc de cercle AB. On prolonge la corde AB de $AC = \frac{1}{2} AB$. Le cercle de centre C et de rayon CB coupe en E la tangente en A. La valeur approchée est AE. Développer en série suivant les puissances de AB l'erreur relative

$$\frac{AB - AE}{AB} = \varepsilon\,;$$

en posant $\theta = \frac{AB}{R}$, on trouve

$$\varepsilon = -\frac{\theta^4}{1080} - \frac{\theta^6}{54432} - \dots.$$

Autre construction : On prend de A vers B l'arc AE égal au quart de AB. Le rayon OE coupe en C la tangente en A.

La somme des longueurs $AC + CB$ est une valeur approchée de l'arc avec l'erreur relative

$$\frac{\theta^4}{4320} + \text{un terme en } \theta^8 + \dots$$

En ajoutant les $\frac{4}{3}$ de la première valeur à $\frac{1}{3}$ de la seconde, l'erreur est de l'ordre de θ^6.

SÉRIES DE FOURIER.

126. Tracer une courbe arbitraire entre les droites $x = 0$ et $x = 2\pi$; soit y l'ordonnée d'un point de cette courbe. Construire les courbes dont les ordonnées sont

$$y \sin x, \quad y \cos x, \quad y \sin 2x, \quad y \cos 2x, \quad \dots$$

Évaluer par l'un des procédés indiqués plus loin (14e série) les valeurs moyennes de chacune de ces fonctions dans l'intervalle $0 - 2\pi$. En déduire le développement en série trigonométrique de la fonction y limité à cinq ou sept termes. Soit y_1 le développement limité obtenu. Construire la courbe dont l'ordonnée est $y - y_1$. Maximum de la valeur absolue de cette ordonnée, et, par suite, limite de l'erreur commise en utilisant le développement limité. Même question en ne considérant que des valeurs de x dans un intervalle moindre que $0 - 2\pi$.

127. Reprendre la même question en prenant pour y **une fonction discontinue**, par exemple en prenant une courbe formée d'une parallèle à Ox de 0 à π et de l'axe des x lui-même de π à 2π. L'erreur commise est considérable au voisinage de π. Mais elle est petite dans un intervalle qui ne comprend pas la valeur π. Dans ce cas, et d'une façon générale, si la courbe tracée est susceptible d'une équation simple, algébrique par exemple, on aura le choix pour le calcul des coefficients de la série de Fourier entre la méthode graphique précédente et une méthode de calcul direct.

Exemple. — Prendre pour y : $1 - \cos 2x$ de 0 à π et $\cos 2x - 1$ de π à 2π.

128. Séries entières. — Développement en série entière. Construction graphique. Il s'agit de construire l'expression

$$f(y) = a_0 + a_1 y + \ldots + a_m y^m.$$

On trace deux axes de coordonnées, on porte a_m sur Ox, a_{m-1}, a_{m-2}, ... sur Oy et l'on construit une direction Δ de coefficient angulaire y. On mène par les points a_{m-1}, a_{m-2}, ... des parallèles à Δ; par le point a_m la parallèle à Oy qui coupe la droite a_{m-1} en un point dont l'ordonnée est $a_m y + a_{m-1}$; on reporte cette longueur sur Ox et l'on mène la parallèle à Oy; elle coupe la droite a_{m-2} en un point dont l'ordonnée est

$$(a_m y + a_{m-1})y + a_{m-2},$$

et ainsi de suite; la dernière ordonnée est $f(y)$.

129. Autre construction. — Sur deux droites parallèles quelconques Δ. Δ' (*fig*. 20), on porte (ex. **21-23**) $AB = y$, $BC = y^2$, ..., $AU = 1$; $Oa_1 = a_1$, $Oa_2 = a_2$, ... La droite Ua_1 coupe AO en I et IB coupe Δ' en A_1. On a $OA_1 = a_1 y$. La droite Ua_2 coupe AO en I'; on mène $I'I''$ parallèle à Δ, puis $I''C$, d'où A_2. On a $A_1 A_2 = a_2 y^2$ et par suite $OA_2 = a_1 y + a_2 y^2$ et ainsi de suite. Il suffira d'ajouter a_0 au segment qui joint O au $n^{\text{ième}}$ des points A_1, A_2, ... pour avoir la somme des $n+1$ premiers termes.

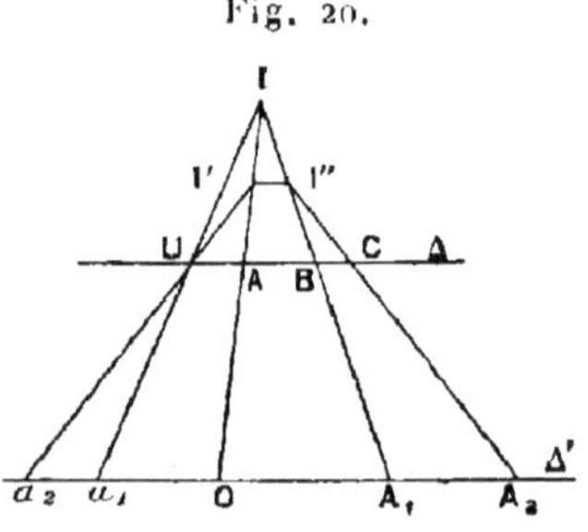
Fig. 20.

130. Procédé de Seguer. — Pour construire $f(y)$ portons (*fig*. 21)

$$OM = y, \qquad OA = 1,$$

puis

$$OA_m = a_m, \qquad A_m A_{m-1} = a_{m-1}, \; \ldots$$

Fig. 21.

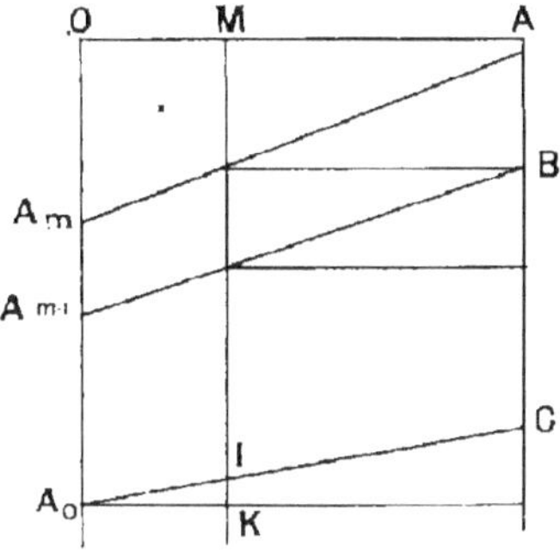

jusqu'au dernier point A_0. Joignons AA_m, puis BA_{m-1} et ainsi de suite; la dernière droite CA_0 fournit le point I et l'on a $IK = f(y)$.

DIXIÈME SÉRIE.

RÉSOLUTION DES ÉQUATIONS.

(217-26, 233-39.)

ÉQUATIONS LINÉAIRES.

131. Résoudre le système

$$0,6x + 1,2y - 3\ z = 1,5,$$
$$3,4y - 5,6z = 2,4,$$
$$0,1x - 0,2y + 0,8z = 1:$$

1° par élimination directe; 2° par le calcul des déterminants (107-12); 3° par le procédé graphique indiqué (235) qu'on étendra à trois équations avec trois inconnues.

ÉQUATIONS DU SECOND DEGRÉ.

132. Appliquer aux équations ci-dessous l'un quelconque des procédés indiqués à la suite:

$$0,124x^2 - 2,32x + 1,548 = 0,$$
$$5,3\ x^2 - 0,02x - 0,254 = 0,$$
$$3,14\ x^2 + 1,68x - 5,26 = 0.$$

1° *Emploi des formules de résolution.* — Tous les nombres sont supposés connus avec une approximation de l'ordre du dernier chiffre significatif. Avec quelle approximation obtient-on les racines ?|Faire les calculs en ne conservant que les chiffres strictement nécessaires. Examiner, dans la première équation, quelle approximation on obtient en négligeant le terme en x^2; dans la deuxième, en négligeant le terme en x.

Faire les calculs à la règle. Comparer avec les résultats du calcul direct.

2° *Méthode trigonométrique.* — On trouvera dans les Traités de Trigonométrie le moyen de rendre les formules de résolution calculables par logarithmes. Au lieu de cela, soit l'équation

$$a x^2 + b x + c = 0;$$

posons $x = \tan \varphi$. Nous ramènerons l'équation à

$$(a - c) \cos 2\varphi - b \sin 2\varphi - (a + c) = 0,$$

qui peut se résoudre, soit en mettant les deux premiers termes sous la forme $A \sin(2\varphi + \alpha)$, soit par les procédés graphiques indiqués plus haut (ex. **86**).

3° Se ramener à la construction de deux longueurs connaissant leur somme ou leur différence, et leur produit.

4° Utiliser le procédé indiqué (**238**). Construire un abaque pour représenter les droites $x^2 + p x + q = 0$, p et q désignant les coordonnées courantes et x un paramètre. Modification du procédé en construisant l'enveloppe $(p^2 - 4q = 0)$ de ces droites.

5° Intersection de la parabole $y = a x^2 + b x + c$ avec les axes de coordonnées, en utilisant un tracé rapide de la parabole (ex. **39**).

Intersection de la parabole $y = x^2$ et de la droite

$$a y + b x + c = 0.$$

6° On considère deux droites parallèles d'équations $x = 0$, $x = a$. Démontrer que si l'on appelle p et q les ordonnées des points de rencontre de ces deux droites avec une sécante qui pivote autour d'un point fixe. x_0, y_0, les longueurs p et q sont liées par une relation linéaire

$$\alpha p + \beta q + \gamma = 0.$$

Calculer α, β, γ en fonction de x_0 et y_0. Lieu du point x_0, y_0 si l'on veut que

$$\frac{\alpha}{z} = \frac{\beta}{1} = \frac{\gamma}{z^2} \qquad \text{(hyperbole)}.$$

Construire cette hyperbole, la graduer en valeurs correspondantes de z. Utiliser la figure pour la résolution de l'équation $z^2 + pz + q = 0$: on prend p et q sur les parallèles. La droite qui joint les points obtenus coupe l'hyperbole en deux points, les valeurs de z inscrites sur ces points sont les racines.

ÉQUATIONS DU TROISIÈME ET DU QUATRIÈME DEGRÉ.

133. Résoudre l'équation $az^3 + bz^2 + cz + d = 0$: 1° en la ramenant à la forme canonique $z^3 - pz - q = 0$ et appliquant alors la méthode trigonométrique;

2° En posant $z = x$, $z^2 = y$ et cherchant l'intersection de $y = x^2$ avec $axy + by + cx + d = 0$ (transparent);

3° par le procédé indiqué pour l'équation du second degré (ex. 132, 6°). Lieu des points x_0, y_0 tels que

$$\frac{\alpha}{z} = \frac{\beta}{1} = \frac{\gamma}{z^3}.$$

On ramène alors l'équation à la forme canonique

$$z^3 + pz + q = 0;$$

on joint les points d'ordonnées p et q sur les droites $x = 0$, $x = a$; les points de rencontre avec le lieu précédent donnent les valeurs de z cherchées.

Application aux équations

$$3,1\,x^3 - 1,7\,x^2 - 3,8\,x - 1,8 = 0,$$
$$x^3 - 13,5\,x + 15,5 = 0.$$

134. Construire les racines de l'équation du quatrième degré

$$x^4 + a x^3 + b x^2 + c x + d = 0 :$$

1° Par intersection de la parabole $x^2 = y$ avec

$$y^2 + a xy + b x^2 + c x + d = 0$$

ou avec

$$y^2 + a xy + b y + c x + d = 0 :$$

2° En ramenant d'abord l'équation à la forme

$$x^4 + a x^2 + b x + c = 0$$

et en cherchant l'intersection de $y = x^2$ avec le cercle

$$x^2 + y^2 + (a - 1) y + b x + c = 0.$$

Dans tous ces exercices, utiliser des calques.

135. Appliquer à l'une quelconque des équations précédentes la **Méthode de Newton ou des parties proportionnelles.** Comparer la longueur des opérations pour obtenir une même approximation.

136. Reprendre les exemples précédents en construisant simplement la courbe $y = f(x)$ et cherchant ses points de rencontre avec l'axe des x; ou en construisant

$$y = x^3 + a x^2$$

et cherchant ses points de rencontre avec la droite

$$y = - b x - c.$$

137. Résoudre graphiquement l'équation

$$x - e \sin x = \zeta$$

avec

$$e = 0,0168 \qquad \zeta = 78°17'30''.$$

APPROXIMATIONS SUCCESSIVES.

138. Résoudre l'équation

$$x^2 - 15,3 x + 7,8 = 0,$$

en partant de

$$x = \frac{1}{15,3} x^2 + \frac{7,8}{15,3}.$$

On remplace d'abord dans le second membre x par zéro puis par la valeur trouvée, etc.

Résoudre de même l'équation

$$x = \tang x,$$

en faisant d'abord $x = \frac{\pi}{4}$ puis $x = 1, \ldots$

MÉTHODE DE LILL.

139. Soit l'équation

$$a x^3 + b x^2 + c x + d = 0.$$

On considère une suite de vecteurs de valeurs a, b, c, d et dont les directions positives font avec une droite fixe les angles $0, \frac{\pi}{2}, \pi, \ldots$ On construit leur somme géométrique dans l'ordre a,

Fig. 22.

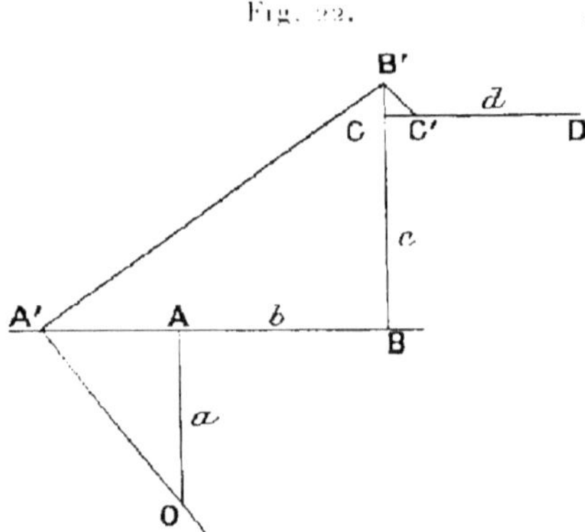

b, c, d. Ceci posé, on mène par l'origine une droite quelconque faisant l'angle x avec le premier vecteur; par le point où elle coupe le second, une droite faisant encore l'angle x

avec la direction positive du second $\left(\text{ou } \frac{\pi}{2} + \alpha \text{ avec le pre-}\right.$ mier$\Big)$ et ainsi de suite. Démontrer que DC′ représente la valeur du polynome pour $x = \tan g \alpha$. On aura donc une racine si C′ est en D. On procédera par tâtonnement; on abrégera les tâtonnements en traçant l'épure ABCD sur un transparent et faisant tourner ce transparent sur un papier quadrillé. Appliquer à l'une des équations précédentes. (Faire attention aux coefficients nuls.)

Appliquer la méthode à l'équation du second degré. Il n'y a que trois coefficients, et l'on obtient A′ en traçant le cercle de diamètre OC; il coupe AB aux points cherchés. Constater que les solutions existent toujours si a et c sont de signes contraires. Comparer à la construction classique rappelée (ex. **132**, 3°).

ONZIÈME SÉRIE.

ÉTUDE DE CERTAINES COURBES. COURBURE.

(158-70, 174-86, 215.)

TRACÉ DES TANGENTES. CERCLE DE COURBURE.

Dans un certain nombre des exercices précédents (*voir* notamment 2ᵉ série, 8ᵉ série), on a eu à tracer des tangentes à des courbes, soit en un point de la courbe, soit par un point extérieur. On a pu remarquer que, lorsqu'on n'emploie pas une construction à la règle et au compas, la tangente n'est pas bien déterminée graphiquement : s'il s'agit de la tangente en un point de la courbe, sa *direction* est mal déterminée; s'il s'agit de la tangente issue d'un point extérieur, elle est bien déterminée, mais son *point de contact* ne l'est pas. Utiliser une des constructions suivantes.

140. Tangente en un point. — Soit M le point donné de la courbe C, on trace une droite quelconque D et l'on mène différentes cordes MP coupant la courbe C en P et la droite D en Q. On prend QR = MP (grandeur et sens) et l'on construit par points le lieu du point R. Ce lieu coupe D en un point z. Mz est la tangente cherchée. On peut remplacer, d'ailleurs, la droite D par une courbe quelconque : un arc de cercle de centre M, par exemple.

Traçons au contraire un cercle Γ de centre M et de rayon *r* et portons sur la corde MP un segment PI $= r$. Construisons par points le lieu du point I. Ce lieu coupe le cercle Γ en un point β. La droite Mβ est la tangente.

141. Tangente issue d'un point. — On mènera diverses sécantes par le point, et l'on construira par points le lieu des milieux des cordes obtenues sur la courbe. Ce lieu coupera la courbe au point de contact cherché.

142. Centre de courbure. — On mène la corde variable MP et la perpendiculaire en son milieu qui coupe en A la normale en M. On porte sur la perpendiculaire une longueur AB égale à la moitié de MP et l'on construit le lieu du point B. Il coupe la normale AM au centre de courbure cherché.

DÉVELOPPÉES. ENVELOPPES.

143. Appliquer ce procédé à la construction par points de la développée d'une courbe, par exemple d'une conique (lieu des centres de courbure). Remarquer que la développée a une autre définition (comme **enveloppe** des normales, 179, 180). Montrer qu'on obtient une bonne détermination graphique de la développée en traçant un certain nombre de normales et en traçant une courbe qui leur soit tangente à toutes. Appliquer à l'ellipse, à la cycloïde.

144. On fait mouvoir un plan sur un plan d'une façon quelconque, par exemple de façon que deux points du plan mobile décrivent deux courbes données du plan fixe. Tracer l'enveloppe des différentes positions dans le plan mobile d'une courbe tracée dans le plan fixe. La construire en représentant le plan mobile par un papier transparent : on calquera au crayon sur ce transparent les positions successives de la courbe du plan fixe, et l'on tracera ensuite l'enveloppe.

Exemple. — Les courbes décrites par les points fixes du

transparent seront deux droites rectangulaires et la courbe
dont on cherche l'enveloppe sera un cercle ayant pour centre
le point de rencontre de ces deux droites et un rayon égal à
la distance des deux points : l'enveloppe est un cercle ayant
la droite qui joint les deux points comme diamètre.

145. Renverser les rôles du plan fixe et du plan mobile.
Maintenant, deux courbes arbitraires tracées dans le plan
mobile passent par deux pivots fixes.

146. Guider le mouvement du plan mobile de la façon
suivante : un point de ce plan est sur l'un des côtés d'un
angle droit xOy du plan fixe, et une droite du plan mobile
passe constamment par O. Enveloppe des positions successivement occupées par Oy dans le plan mobile. Rapprocher
de l'exercice (42). Remplacer la droite du plan mobile par
un cercle. Constater le *glissement* des deux courbes.

Par le même moyen d'un transparent, tracer la trajectoire
dans le plan mobile d'un point quelconque du plan fixe.

147. Vérifier expérimentalement le théorème suivant :
Soient C *une courbe du plan fixe,* C' *son enveloppe,* O, O'
leur centre de courbure. Montrer que la trajectoire du point
O a O' pour centre de courbure. (Prendre pour C un cercle.)

148. Construire les trajectoires de deux points A et B du
plan fixe. Construire le lieu C' des points d'intersection des
normales à ces trajectoires en A et B; construire enfin l'enveloppe de la courbe C' dans le plan fixe, soit C. Constater que,
si l'on fait décrire aux courbes A et B leurs trajectoires, les
courbes C et C' roulent *sans glissement* l'une sur l'autre. On
pourra se donner arbitrairement les trajectoires de A et B.
On emploiera pour plus de commodité deux papiers transpa-
rents pour représenter le plan fixe et le plan mobile. Chacun
d'eux pourra ainsi être placé au-dessus de l'autre, suivant
la construction à effectuer.

149. Développante. — On tracera la développante d'une courbe C en traçant un certain nombre de tangentes $A_1 T_1$, $A_2 T_2$, ... Un cercle quelconque de centre A_1 coupe T_1 et T_2 aux points B_1 et B_2; on trace le cercle de centre A_2 et de rayon $A_2 B_2$, limité à la tangente T_3 et ainsi de suite.

On peut aussi faire rouler sans glisser une courbe tracée dans un plan transparent sur une droite du plan fixe, et construire la trajectoire d'un point quelconque de la droite dans le papier transparent. On facilite le roulement sans glissement en portant d'avance des points à 1^{mm} de distance les uns des autres sur la droite et sur la courbe (numérotée). Appliquer à la développante de cercle.

TRANSFORMATIONS DE COURBES.

150. Déduire de la courbe $y = f(x)$ **la courbe** $y = k.f(x)$. — C'est le problème auquel on est conduit quand on change l'unité d'ordonnée. Soient m, M deux points correspondants des deux courbes. Plaçons (*fig.* 23) sur une perpendiculaire à Ox (l'axe des y par exemple) les deux points $Oa = 1$, $OA = k$.

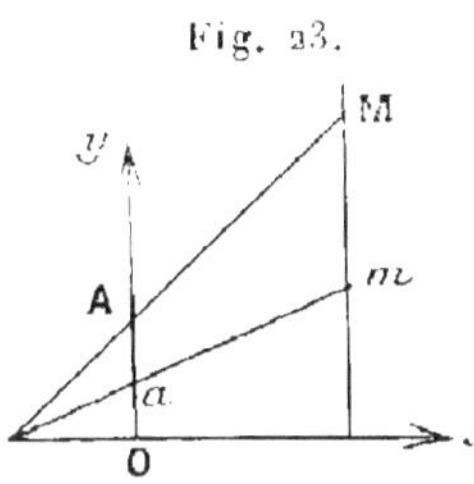

Fig. 23.

Les deux droites am AM se coupent sur Ox. On en déduira M connaissant a, m et A. Rapprocher de l'exercice (**29**). Tangentes aux deux courbes en deux points homologues m, M.

151. Déduire de la courbe $y = f(x)$ **la courbe** $y = [f(x)]^2$. — On porte (*fig.* 24) $OU = 1$, $OA = y = mM$. On mène AB perpendiculaire à AU (au moyen d'un transparent sur lequel

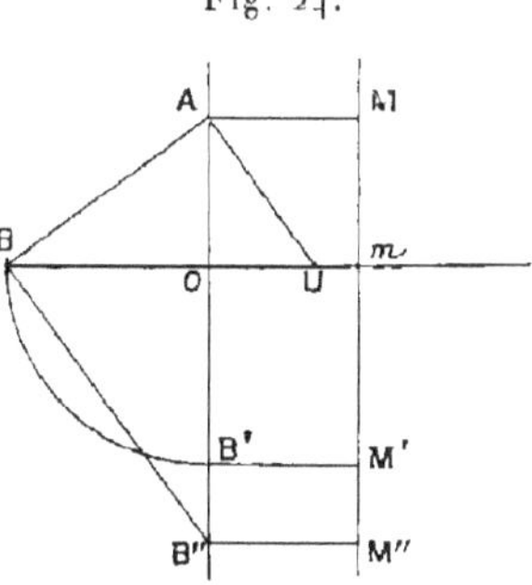

Fig. 24.

sont tracées deux droites rectangulaires de repère — on pointe B). Puis on porte $OB' = OB - mM'$. On a $mM' = y^2$ (on change le sens positif pour plus de clarté). Exemple : $y = x$ ou $y = x^2$.

152. Problème inverse. Déduire de $y = f(x)$ **la courbe** $y = \sqrt{f(x)}$. — On passera (même figure) de M' à B' et à B, puis on construit A au moyen du transparent, en amenant les côtés de l'angle droit à passer par B et U. D'où M. Il y a deux points M symétriques.

Exemples. — Construire $y = ax + b$. En déduire les paraboles

$$y^2 = ax + b, \qquad y = (ax + b)^2.$$

Construire $y = ax^2 + bx + c$, en déduire les coniques

$$y = \sqrt{ax^2 + bx + c}, \qquad y^2 = ax^2 + bx + c.$$

On donnera à a, b, c des valeurs numériques.

Application. — Pour construire la conique (**168**)

$$y = ax + b + \sqrt{\alpha x^2 + \beta x + \gamma},$$

on construira la parabole

$$z = \alpha x^2 + \beta x + \gamma ;$$

on en déduira la courbe

$$y_1 = \sqrt{\alpha x^2 + \beta x + \gamma},$$

et l'on aura la courbe demandée par addition des ordonnées de cette courbe avec celles de la droite $y = ax + b$.

153. Déduire de la courbe $y = f(x)$ **la courbe** $y = [f(x)]^3$. — Même tracé que dans l'exercice 151 jusqu'au point B (*fig.* 24). On mène ensuite BB″ perpendiculaire à AB, et enfin on obtient le point cherché M″. On a

$$m M'' = \overline{m M}^3.$$

154. **Déduire de la courbe** $y = f(x)$ **la courbe** $y = \dfrac{1}{f(x)}$. — On porte $OU = 1$, $OA = mM = y$. On mène (transparent) UB perpendiculaire à UA, on pointe B. Enfin, on en déduit M'. On a

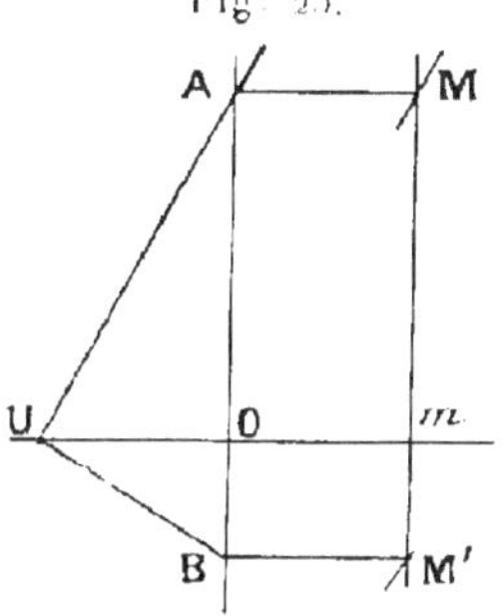

Fig. 25.

$$mM \times mM' = 1$$

(au signe près). *Exemples :* $y = \dfrac{1}{ax + b}$, $y = \dfrac{x}{x^2 + 1}$ (ex. **74**).

155. **Engrenages.** — On donne (*fig.* 26) un cercle C et une courbe C' qui roule sans glisser sur ce cercle. A un point M, invariablement lié à cette courbe, on fait correspondre une série de points m par la construction suivante : soient A un point fixe du cercle, P un des points de contact des deux courbes, M la position de M quand le contact a lieu par P. On fait tourner M de l'angle POA; le point obtenu est l'un des points m. Construire le point m par intersection du cercle de centre O et de rayon OM et du cercle de centre A et de rayon PM. Il est inutile de se donner la courbe C'. Il suffit de se donner la trajectoire du point M : les droites MP sont les normales à cette trajectoire (*voir* **215**).

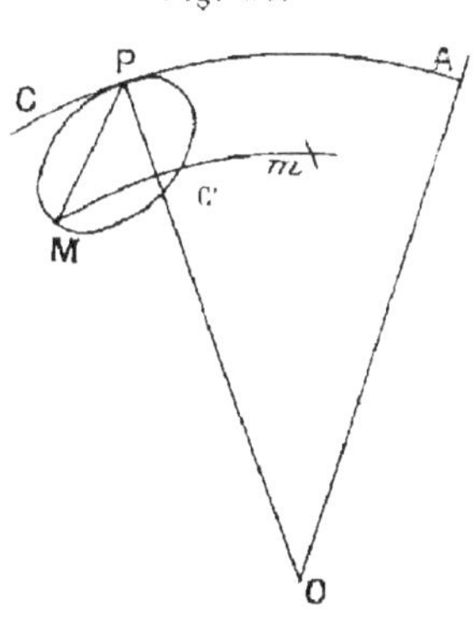

Fig. 26.

Application. — La courbe C' est un cercle. M décrit une épicycloïde. Le lieu de m est un cercle.

M décrit une droite (un rayon, ou une droite passant près du point O). Construire le lieu de m.

156. Polaires réciproques. — On considère une ellipse et l'on construit la polaire des différents points d'une courbe quelconque C par rapport à cette ellipse. Enveloppe de ces polaires. C'est la *polaire réciproque* de C par rapport à l'ellipse.

Cas particuliers : C est une droite : on sait que l'enveloppe est un point.

La courbe C est une courbe fermée convexe entourant le centre de l'ellipse. Constater que la polaire réciproque est fermée, entoure le centre, et que tous les points intérieurs à la polaire réciproque ont pour polaires des droites ne rencontrant pas la courbe C.

La courbe C est une courbe fermée quelconque, délimiter la région, lieu des points dont les polaires ne rencontrent pas C. On la déduira du polygone de sustentation de C : lieu des points intérieurs à la figure formée par les droites qui n'ont qu'un seul point commun avec C.

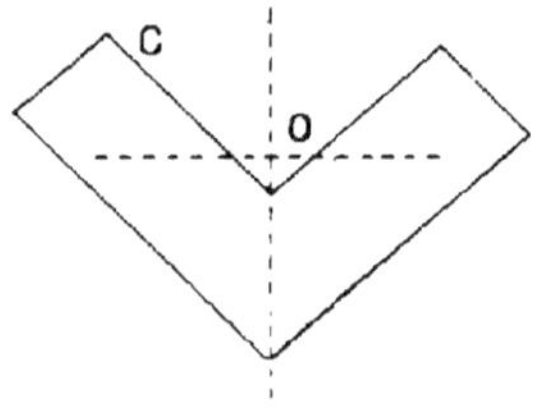

Exemples. — La courbe C est un rectangle concentrique à l'ellipse.

La courbe C est formée (*fig.* 27) de la réunion de deux rectangles égaux, accolés à angle droit, de manière à former un V, et le centre de l'ellipse est dans l'angle du V, à l'extérieur du contour.

La courbe C est un cercle, une ellipse.

DOUZIÈME SÉRIE.

FONCTION EXPONENTIELLE. LOGARITHMES.

(106 ; 133-43 ; 148 ; 170 ; 171-3.)

NOMBRE e.

157. Calculer $\left(1 - \dfrac{1}{m}\right)^{m}$ pour $m = 1, 2, 3, \ldots ; -1. -2,$ $-3, \ldots$. Porter m en abscisses (unité le centimètre) et la valeur trouvée en ordonnée. En déduire la valeur de e par extrapolation.

Préciser le tracé de la courbe entre $m = 0$ et $m = 2$. Utiliser la dérivée de $\left(1 + \dfrac{1}{x}\right)^{x}$: minimum de la fonction ; tangentes pour $m = 1$, $m = 2$.

Pour les calculs des puissances ou des racines, on pourra utiliser les Tables de logarithmes, mais on fera alors un cercle vicieux, puisque les Tables ont été construites en utilisant les propriétés du nombre e.

158. Calculer e à $0,01$ près en utilisant (119) le développement en série

$$e = 2 + \frac{1}{2} + \frac{1}{6} + \ldots + \frac{1}{n!} + \ldots$$

FONCTIONS e^x, a^x.

159. Construire la courbe $y = e^x$. — Si l'on prend la même échelle sur les deux axes, la courbe sort très rapidement du papier par le bord supérieur.

Prendre une feuille de papier de $10^{cm} \times 10^{cm}$ (l'unité est le centimètre sur l'axe des abscisses). Choisir l'unité sur l'axe des ordonnées de façon que toute la courbe de $x = 0$ à $x = 10$ soit représentée. Tracer la courbe.

La courbe $e^x = y$ étant tracée, on prend un nouvel axe des y parallèle au premier. Démontrer que, par rapport aux nouveaux axes, la courbe primitive continue à représenter les variations de la fonction e^x, avec une nouvelle échelle des ordonnées.

Démontrer que les deux courbes $y = e^x$ et $y = a^x$ ou $y = e^{x \log a}$, ne diffèrent l'une de l'autre que par un changement d'échelles d'abscisses.

160. Construire, en choisissant les échelles les plus commodes, **la courbe** $y = 10^x$ entre $x = 0$ et $x = 1$ (par exemples, mêmes unités : 10^{cm}). — On obtiendra avec beaucoup de précision la portion désirée de la courbe, en utilisant les tangentes aux points extrêmes (dérivée : $2,30 \times y$) et les cercles de courbure (**179**) (les échelles sont les mêmes); on construira quelques points intermédiaires ($x = 0,5$; $0,25$) avec leurs tangentes.

Utiliser ensuite le tracé pour calculer le logarithme (vulgaire) d'un nombre quelconque. La courbe donne la mantisse du logarithme. La partie entière se calcule directement. On réduit le nombre à la forme décimale et l'on porte en ordonnée le nombre compris entre 1 et 10 qui a mêmes chiffres significatifs : l'abscisse du point obtenu est le logarithme. On dressera par exemple une Table des logarithmes des nombres entiers de 1 à 10 ou de 1 à 100, et l'on comparera avec une Table. On doit obtenir le centième comme approximation.

161. Utiliser la courbe $y = e^x$ pour **comparer la fonction** $\log(1 + y)$ **aux premiers termes du développement en série** $y - \frac{1}{2}y^2 + \frac{1}{3}y^3 + \ldots$ — La série converge mal, et l'erreur obtenue en limitant à deux ou trois termes est assez notable.

On suppose y inférieur à 0,5 en valeur absolue ; calculer la limite de l'erreur commise en prenant trois termes ; combien de termes faut-il prendre pour que l'erreur soit inférieure à 0,1 ; à 0,01 ?

QUELQUES COURBES DÉDUITES DE LA FONCTION EXPONENTIELLE.

162. Construire la courbe $y = e^{x^2}$. Point d'inflexion. Arrêter le tracé quand y deviendra inférieur à 1^{mm} (unité d'ordonnée 10^{cm}).

163. Construire la courbe $y = e^x \sin x$. — Ondes. Maxima et minima successifs. Valeurs négatives de x. Par quelles transformations peut-on déduire les diverses ondes de celle relative à l'intervalle $0 < x < 2\pi$? Imaginer une construction graphique basée sur l'homothétie : il s'agit de déduire du point x, y le point $x - 2\pi$; $y \times e^{2\pi}$.

164. Chaînette. — Suspendre en deux points un fil bien flexible et inextensible devant une planche verticale sur laquelle est fixée une feuille de papier. Relever sur le papier l'image du fil; relever également la verticale au moyen de la trace d'un fil à plomb sur le papier. Constater que le dessin obtenu est une chaînette (**137**) à axe vertical, d'équation $y = a \operatorname{ch} \dfrac{x}{a}$ par rapport à des axes convenables. On déterminera d'abord le point le plus bas; on mesurera les coordonnées d'un point de la courbe par rapport à la tangente horizontale prise pour axe Ox et à la normale correspondante prise pour axe des y; si x et y sont ces coordonnées, on a l'équation

$$y = a \operatorname{ch} \frac{x}{a} - a$$

transcendante en a. On peut d'ailleurs la remplacer par une équation algébrique obtenue en ne conservant que deux termes du développement en série de ch. Mais ce dernier calcul ne peut être valable que si a est grand. Ayant calculé a, on fera quelques vérifications de points : on pourra tracer la chaînette et comparer à la courbe précédente. On pourra aussi *calculer* la longueur de la portion de chaînette comprise entre les points de suspension (**289**), et comparer au résultat d'une mesure directe de longueur du fil.

165. Tracer les courbes $y = \operatorname{sh} x$, $y = \operatorname{th} x$. — Construire sur la même figure les courbes qui représentent les variations en fonction de y des dérivées $\dfrac{dx}{dy}$, c'est-à-dire des dérivées des fonctions arg sh et arg th (déduites d'hyperboles).

166. Tracer, sur une même feuille, les courbes $y = \operatorname{ch} x$ et $y = \operatorname{sh} x$. Vérifier que le coefficient angulaire de la tangente à chacune de ces courbes est égal à l'ordonnée de l'autre (*voir* 8ᵉ série).

Construire le cercle de courbure en un point de la chaînette; construire la développée, soit par points, soit par enveloppes (11ᵉ série). Utiliser les propriétés démontrées (**179**).

167. Remplacer une chaînette $y = a \operatorname{ch} \dfrac{x}{a}$ par la parabole $y = a + \dfrac{x^2}{2a}$. Limite de l'erreur commise. On suppose a assez grand; par exemple, on suppose que $\dfrac{|x|}{a}$ reste toujours inférieur à une fraction k. Calculer une limite de l'erreur relative. Déterminer k de façon que cette erreur relative soit inférieure à 0,01.

Question analogue pour les deux courbes

$$y = a \operatorname{sh} \frac{x}{a} \qquad \text{et} \qquad y = ax - \frac{x^3}{6a^2}.$$

168. Rectification de la chaînette. L'arc est égal à $\operatorname{sh} x$. Développante.

SPIRALE LOGARITHMIQUE.

169. Construire la courbe dont l'équation en coordonnées polaires est $r = ae^{m\theta}$.

Montrer tout d'abord que toutes ces spirales ne se différencient entre elles que par la valeur du paramètre m. En d'autres termes, les deux spirales

$$r = ae^{m\theta}, \qquad r = a'e^{m\theta}$$

sont égales. Elles se déduisent en effet l'une de l'autre par une rotation : on montrera qu'en faisant tourner l'axe polaire on peut amener l'une d'elles à avoir même équation que l'autre. On peut donc supposer $a = 1$; alors $r = 1$ pour $\theta = 0$.

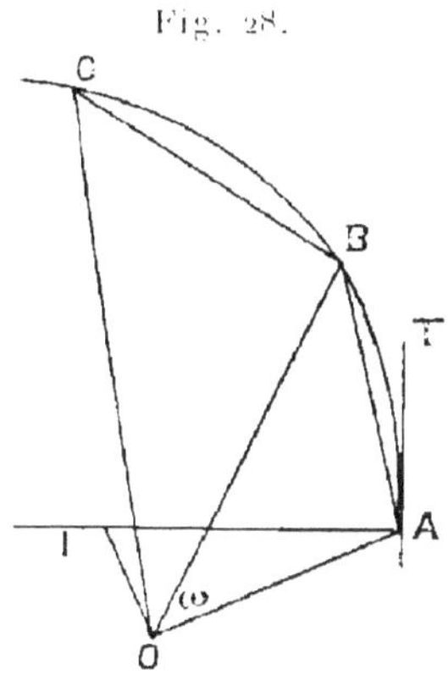
Fig. 28.

On mène (*fig.* 28) deux rayons vecteurs faisant entre eux l'angle constant ω; calculer le rapport des rayons vecteurs obtenus OA, OB. Déduire du résultat que le triangle OAB est semblable à un triangle fixe.

En déduire un mode de construction de la spirale. On se donne le triangle OAB; on construit le triangle semblable OBC et ainsi de suite; on obtient ainsi un certain nombre de points de la courbe. Prendre par exemple $\omega = 5^o$ et $OB = OA \times 1,22$. Calculer l'angle (constant, *voir* 163) de la tangente avec le rayon vecteur. Cette constance résulte d'ailleurs du calcul ci-dessus en supposant que l'angle ω est très petit. Le calcul de cet angle, c'est-à-dire de m, se fait par l'équation

$$1,22 = e^{m\frac{5\pi}{180}}.$$

Démontrer que si l'on mène (*fig.* 29) les tangentes en deux points quelconques A et B (qui se coupent en T), ainsi que les normales (qui se coupent en N), les quadrilatères OABT, OABN sont inscriptibles. Les cinq points O, A, B, T, N sont donc sur un même cercle. Étudier le cas limite où B est très voisin de A. La position limite de N est le centre de courbure I (*fig*. 28). La droite OI est perpendiculaire à OA. Ceci peut d'ailleurs s'établir par un calcul direct du rayon de courbure et de la sous-normale (**176** et **179**). Démontrer que le triangle AOI est semblable à un triangle fixe. En déduire

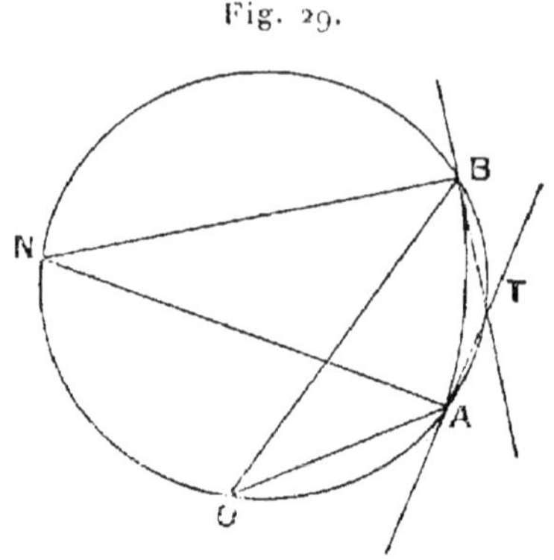

Fig. 29.

que la développée de la spirale est une spirale logarithmique (**180**). Calculer en fonction de m la valeur de m' dans l'équation de la développée

$$r = a' e^{m'\theta}.$$

Déterminer m de façon que $m = m'$; alors la spirale coïncide avec sa propre développée, et la construction en est plus aisée. On est conduit à résoudre une équation transcendante

$$m = e^{-m\frac{3\pi}{2}}.$$

On pourra appliquer la méthode de Newton ou la méthode d'approximations successives (**222-5**); on trouve $\dfrac{1}{m} = 3{,}644$.

170. Une fois la courbe tracée avec soin, on peut l'utiliser comme une **Table de multiplication**, ou pour l'élévation aux puissances, l'extraction des racines.

Soit à multiplier r_1 et r_2. Posons

$$r_1 = e^{m\theta_1}, \qquad r_2 = e^{m\theta_2};$$

on a

$$r_1 r_2 = e^{m(\theta_1 + \theta_2)},$$

On calculera θ_1 et θ_2, en coupant la courbe par les cercles de rayons r_1 et r_2; on construira $\theta_1 + \theta_2$ et le rayon vecteur correspondant sera le produit cherché. La méthode s'applique à un nombre quelconque de facteurs; pour la division, on se ramène à une soustraction d'angles.

On a

$$r_1^p = e^{mp\theta_1}.$$

Donc r_1^p est le rayon vecteur du point dont l'angle polaire est $p\theta_1$. Inversement pour extraire la racine $p^{\text{ième}}$ d'un nombre r, on coupera la courbe par le cercle de rayon r; on divisera par p l'angle polaire, θ, du point obtenu, et l'on cherchera le rayon vecteur correspondant à $\dfrac{\theta}{p}$.

Les additions, multiplications et divisions d'angles seront facilitées en traçant, sur la même figure, une spirale d'Archimède (89) d'équation $r = k\theta$. Pour ajouter deux angles, on n'aura qu'à ajouter les rayons vecteurs $k\theta$ correspondants et mesurer l'angle polaire du point qui correspond au rayon vecteur-somme. Pour diviser un angle en p parties égales, on est ramené à diviser un segment de droite.

Exemple. — Côté du cube équivalent à un parallélépipède rectangle de dimensions $12,25$; $3,485$; $6,26$.

171. Reprendre la suite d'exercices **169** en remplaçant la spirale logarithmique par la courbe $y = ae^{mx}$. Cette courbe tracée avec soin peut servir, elle aussi, à la multiplication, à la division, à l'extraction des racines $p^{\text{ièmes}}$.

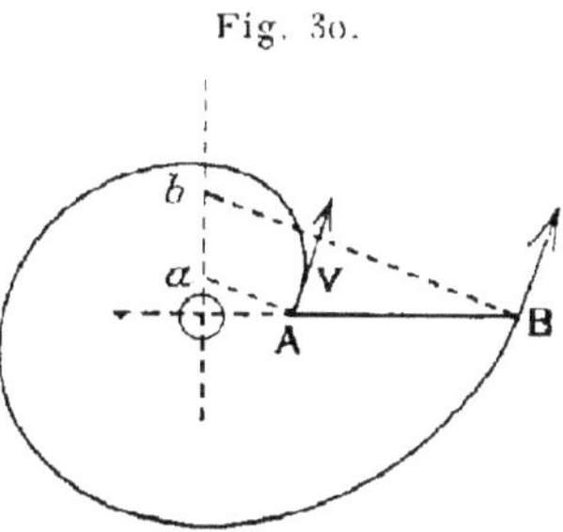

172. Gabarit de Steiner. — Calquer, sur un fort bristol, une spirale logarithmique; découper comme l'indique la figure 3o en plaçant au pôle un bouton de prise constitué par une grosse punaise à double tête. L'appareil pourra servir de *pistolet*. Il est commode pour les raccordements à cause de la variation très régulière de la courbure : le rayon de courbure est proportionnel au rayon vecteur. Construire le gabarit en s'imposant les limites extrêmes entre lesquelles on veut faire varier le rayon de courbure : Aa et Bb sur la figure. Or, on a

$$OB = OA \times e^{2m\pi}, \qquad Ob = Oa \times e^{2m\pi},$$

d'où m et, par suite,

$$V = \operatorname{arc\,tang} \frac{1}{m}.$$

ADDITION PAR LOGARITHMES.

173. On se propose de calculer $\log(\alpha + \beta)$, connaissant $\log \alpha$ et $\log \beta$.

Construire la courbe C représentée par les équations paramétriques

$$x = \log t, \qquad y = \log\left(1 + \frac{1}{t}\right).$$

asymptotes ($y = -x$ et $y = 0$).

On pose alors $t = \dfrac{\beta}{\alpha}$ ou $x = \log t = \log \beta - \log \alpha$, et l'on a

$$y = \log\left(1 + \frac{\alpha}{\beta}\right) = \log(\alpha + \beta) - \log \beta$$

ou

$$\log(\alpha + \beta) = y + \log \beta,$$

D'où le calcul : calculer $\log \beta - \log \alpha$; déterminer le point de la courbe auxiliaire C qui a pour abscisse le nombre trouvé; de son ordonnée, y, déduire $\log(\alpha + \beta)$, en ajoutant $\log \beta$.

TREIZIÈME SÉRIE.

INTÉGRATION GRAPHIQUE. VALEUR MOYENNE.

240-262; 314-317.

INTÉGRATION INDÉFINIE.

174. Courbe intégrale. — Tracer une courbe quelconque C (*fig.* 31). On se propose de construire une courbe représentant une fonction dont la dérivée soit égale à l'ordonnée de la courbe C. On prendra une suite de point voisins sur l'axe des x : a, a', a'', ... par exemple équidistants, et l'on construira les points correspondants M, M', M'' de C. Sur $a M$ on choisira arbitrairement le point de départ P de la courbe cherchée; on construira le segment PP' tel que sa pente soit égale à la valeur moyenne de l'ordonnée de C entre $a M$ et $a'M'$; puis l'arc $P'P''$ dont la pente soit égale à l'ordonnée moyenne entre $a'M'$ et $a''M''$ et ainsi de suite; la détermination de ces pentes se fera graphiquement; on obtient ainsi la courbe cherchée.

Fig. 31.

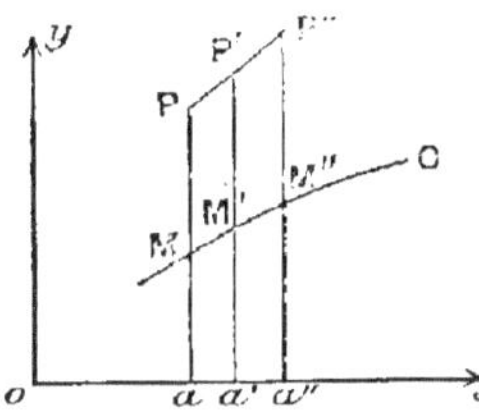

Pour se rendre compte de l'approximation obtenue, on substituera, dans la construction précédente, l'ordonnée *minimum* à l'ordonnée moyenne dans chaque intervalle; on aura ainsi une courbe Γ_1. Puis on recommencera (en partant du même point P) en prenant cette fois-ci l'ordonnée *maximum* dans chaque intervalle, d'où une courbe Γ_2. La courbe Γ ainsi que la vraie courbe intégrale sont comprises entre Γ_1

et Γ_2. Si Γ_1 et Γ_2 sont suffisamment rapprochées, on estimera
le calcul suffisamment précis, sinon il faudra diminuer aa',
$a'a''$, etc., ou mieux évaluer avec plus de soin l'ordonnée
moyenne.

175. Intégrale considérée comme aire. — Tracer une
courbe C (la précédente par exemple) et construire une courbe
dont l'ordonnée est égale à l'aire (échelles) comprise entre :
la courbe C, l'axe Ox, une ordonnée initiale fixe, et une ordonnée variable. Comparer le résultat avec la courbe tracée à
l'exercice précédent. Constater que la dérivée (*voir* ex. 110)
de l'ordonnée de la courbe construite par rapport à l'abscisse
est égale à l'ordonnée de la courbe C.

Traiter des deux façons les exemples suivants : 1° C est
une droite parallèle à Ox. Alors Γ est une droite; 2° C est une
droite quelconque; Γ est une parabole; 3° C est une sinusoïde.
Si C est quelconque, la remplacer par une suite discontinue
de traits horizontaux, choisis de façon à donner la même aire.

INTÉGRATION DÉFINIE.

Le calcul pratique des intégrales définies est un calcul
d'aires. Employer successivement les diverses méthodes suivantes pour se faire une opinion sur leur commodité et sur
l'approximation qu'elles donnent.

176. Méthode par pesée. — On découpe le profil dont on
veut évaluer l'aire, préalablement tracé sur carton ou sur zinc.
Le poids, comparé à celui de 1^{cm^2} de même substance, donne
l'aire. Étudier tout d'abord l'homogénéité de la substance et
la constance de l'épaisseur en pesant plusieurs centimètres
carrés. Avec quelle précision donnent-ils le même poids ?
Précision du tracé et du découpage; précision de la pesée.
Cette dernière est la meilleure.

177. Méthode des carrés. — La courbe est tracée sur papier quadrillé et l'on *compte* les carrés (millimètres carrés)

qu'elle contient. On a aisément une évaluation par défaut et une par excès, d'où une limite de l'erreur. L'approximation est grande, surtout si la courbe est à grande échelle (et bien tracée). Mais le compte des carrés est fastidieux. Abréger en décomposant la surface en grands rectangles et petites aires courbes.

178. Méthode de Simpson ou analogues. *Voir* la formule (314). — Il faut la considérer comme une amélioration de la méthode précédente : le compte des carrés est remplacé par la mesure des ordonnées. De plus, dans la méthode de Simpson, l'approximation théorique est très bonne. La mesure des ordonnées et leur addition n'est pas très rapide. Si l'on prend pour intervalle le millimètre (papier millimétrique) et si la courbe couvre en largeur 10^{cm}, il y a 100 lectures à faire et une addition de 100 termes. Bien entendu, à l'erreur théorique (négligeable) s'ajoute l'erreur de lecture. Si cette erreur (relative) de lecture est le centième, il est inutile de s'astreindre à lire 100 ordonnées : il suffit d'en lire un nombre tel que l'erreur théorique soit aussi d'environ 0,01. Pratiquement, 10 ordonnées ou, si l'on veut, un intervalle de 1^{cm} sera suffisant pour atteindre cette approximation avec la formule de Simpson. On se rendra compte aisément que la méthode des rectangles ou du compte des carrés donnerait au contraire avec le même intervalle une approximation grossière.

Utiliser le curvimètre (315) pour la mesure et l'addition des ordonnées; parcourir deux fois celles qui sont multipliées par 2 dans la formule. La méthode est rapide, mais l'erreur de lecture est assez considérable.

On pourra dans les exercices précédents se donner au hasard la courbe C dont on veut évaluer l'aire; mais je conseille de préférence les exemples suivants pour lesquels le résultat *exact* est connu : aire d'un triangle, rectangle ou non; aire d'un demi-cercle; d'une onde de sinusoïde (aire = 2).

179. Calculer aussi par les mêmes moyens les intégrales

définies suivantes : $\int_0^1 \frac{dx}{1+x^2}$: construire $y = \frac{1}{1+x^2}$; calculer l'aire. On doit trouver $\frac{\pi}{4}$.

180. Intégrales de Fresnel (265). — $\int_0^x \sin x^2\, dx$ ou $\int_0^x e^{-x^2}\, dx$ par la constrution préalable des courbes $y = \sin x^2$ (170) ou $y = e^{-x^2}$. On doit trouver $\frac{\sqrt{\pi}}{2}$. A propos de ce dernier exercice, construire la courbe de diffraction (ex. 19, p. 737) représentée par les équations

$$x = \int_0^t \cos t^2\, dt, \qquad y = \int_0^t \sin t^2\, dt.$$

Mesurer son arc au curvimètre (il est égal au paramètre t).

Pour le calcul de la dernière intégrale, on remarquera que e^{-x^2} devient très rapidement très petit.

181. Calculer pour un certain nombre de valeurs de x les valeurs de $\int_1^x \frac{dx}{x}$; dresser en partant de là une **Table de logarithmes** naturels, par exemple $x = 2$, $x = 3$, ..., $x = 10$. Vérifier les résultats (au moyen d'une Table de logarithmes vulgaires, si l'on n'a pas de Table de logarithmes népériens).

Fig. 32.

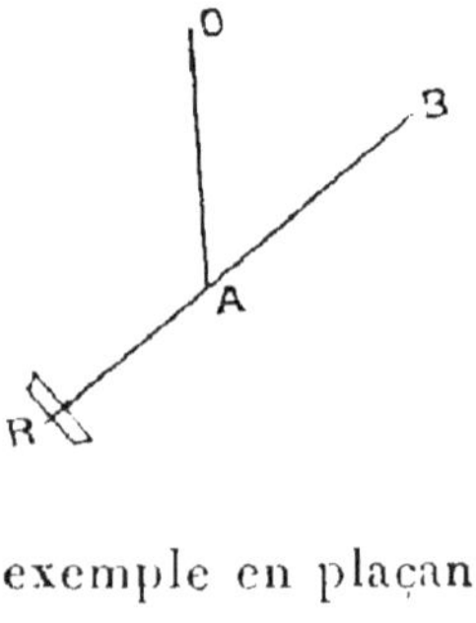

182. Planimètre d'Amsler. — On peut se servir du planimètre pour traiter les exercices précédents. Pour l'étude méthodique de l'appareil, on commencera par les exercices suivants :

S'assurer du roulement de la roulette sur du papier dur bien tendu, sur du bois dur. Sans fixer le point O (*fig.* 32) (par exemple en plaçant AO sur AB), constater que la roulette ne tourne pas pour un déplacement longitudinal de AB; fixant O (A décrit alors un cercle), constater que si l'on fait décrire à B un arc de courbe, l'indication de la roulette est la même quelle que soit la façon d'amener AB de la première à la dernière position.

Mesurer pour les différentes positions du repère (différentes longueurs de AB) l'aire d'un carré de 1^{cm} de côté, de 1^{dm} de côté. Apprendre ainsi : 1° à faire les lectures; 2° le degré d'approximation. Varier les exemples : rectangles divers, triangles, cercles. Améliore-t-on l'approximation en décrivant plusieurs fois de suite dans le même sens une des aires précédentes? L'erreur (relative) est-elle au contraire plus mauvaise? Importance relative de l'erreur due au tracé.

L'appareil revient-il bien au chiffre initial quand on décrit deux fois en sens contraire une même aire?

Évaluer une grande aire, telle qu'on soit obligé pour la décrire de faire effectuer à A un tour complet. Il faut introduire une constante de l'appareil ($\pi \times OA^2$) qu'on vérifiera en prenant pour l'aire à évaluer un cercle suffisamment grand de rayon connu entourant O.

Évaluer une surface à boucle : le planimètre donne la différence entre les deux aires des deux boucles (diagrammes d'indicateurs dans certains cas).

Traiter ensuite, au moyen du planimètre, les exercices des n°s 175-181 et les suivants.

183. Aire du **secteur limité par une ellipse**, le grand axe et le rayon vecteur issu du foyer. Porter cette aire en ordonnée en portant en abscisse l'anomalie excentrique (se servir par exemple de la construction de l'ellipse par le cercle homographique qui met cet angle en évidence). Comparer la courbe trouvée à la courbe $y = x - e \sin x$ (**292**).

184. Aire du segment parabolique. — Tracer un arc de parabole et deux tangentes symétriques. En faisant au planimètre deux fois le tour de l'aire non convexe limitée par la courbe et les tangentes, puis en sens contraire le tour de l'aire limitée par la courbe et la corde de contact, on doit revenir au zéro (291).

VALEUR MOYENNE.

185. Calculer la valeur moyenne d'une fonction dans un intervalle en calculant l'intégrale au moyen d'une des méthodes précédentes.

On change l'origine des ordonnées, c'est-à-dire qu'on augmente d'une même quantité toutes les ordonnées de la courbe; constater que la valeur moyenne est augmentée de la même quantité.

On change l'échelle soit des abscisses, soit des ordonnées, soit les deux à la fois. Calculer la nouvelle valeur moyenne : on trouve la même valeur.

186. Changement de variable. — Calculer la valeur moyenne de la fonction $\sin x$ quand x varie de o à π. Posons ensuite $x = t^2$, on a $y = \sin t^2$. Calculer la valeur moyenne de y quand t varie de o à $\sqrt{\pi}$. On ne trouve pas la même valeur.

Courbure moyenne. Mesurer directement ou calculer le rayon de courbure aux divers points d'une courbe : un arc de chaînette par exemple (179); s'aider de la développée. Construire une courbe en portant en abscisse l'arc de la courbe et en ordonnée le rayon de courbure ou la courbure. Calculer le rayon de courbure moyen; calculer la courbure moyenne. Les deux valeurs trouvées sont-elles inverses l'une de l'autre? Déterminer le (ou les) point de la courbe où le rayon de courbure a justement pour valeur le rayon moyen; le point où la courbure est égale à la courbure moyenne. Est-ce le même point?

Fig. 33.

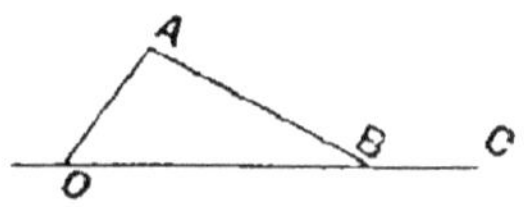

187. Vitesse moyenne. — Une manivelle OA (*fig.* 33) de 40^{cm} entraîne une bielle AB de $2^m,50$.

La manivelle est animée d'un mouvement de rotation uniforme de 180 tours à la minute. Construire, au moyen d'un certain nombre de points, le diagramme des espaces parcourus par le point B; en déduire le diagramme des vitesses pendant un tour ou un demi-tour; vitesse moyenne du point B; calculer l'écart maximum entre la vitesse à un instant quelconque et la vitesse moyenne; calculer l'écart entre la vitesse maximum du point B et sa vitesse moyenne.

Incidemment, la courbe des espaces diffère-t-elle beaucoup d'une sinusoïde?

Calculer (en prenant une échelle des temps beaucoup plus petite) la vitesse moyenne pendant un temps quelconque, 15 minutes par exemple. Doit-elle différer beaucoup de la vitesse moyenne pendant un tour?

188. Reprendre le graphique de l'exercice (117) relatif au mouvement d'un train au démarrage et à l'arrêt. Calculer la vitesse moyenne; l'écart de la vitesse à la vitesse moyenne. Pour le trajet complet Laroche-Paris, quelle est la vitesse moyenne déduite du diagramme des vitesses. Diffère-t-elle beaucoup de la vitesse moyenne obtenue en divisant l'espace parcouru par le temps total? On doit trouver la même à l'approximation du graphique près.

QUATORZIÈME SÉRIE.

INTÉGRALES CURVILIGNES, DOUBLES, TRIPLES. APPLICATIONS.

267-281; 289-313.

189. On propose de ramener au calcul d'une aire le calcul d'une intégrale telle que

$$\int_C P(x, y)\, dx.$$

Tracer la courbe C; puis, sur la parallèle à Oy menée par un point quelconque $M(x, y)$ de la courbe, construire le point M' d'ordonnée $Y = P(x, y)$. Les points M' décrivent une courbe C' et l'on a

$$\int_C P(x, y)\, dx = \int_{C'} Y\, dx.$$

La dernière intégrale est, au signe près, égale à l'aire intérieure à C' (**291**).

Exemple. — La courbe C est un cercle et l'on a

$$P(x, y) = x^2 - y.$$

Faire attention aux sens de parcours des courbes C et C', et aux conventions de signes pour les aires (**241** et **291**).

Calculer de même une intégrale telle que $\int Q(x, y)\, dy$ en faisant la transformation

$$Y = y, \qquad X = Q(x, y).$$

Exemple. — $Q(x, y) = \cos x$ et la courbe C est formée de l'axe des x, de la droite $x = \frac{\pi}{2}$ et de l'arc de sinusoïde compris entre $x = 0$ et $x = \frac{\pi}{2}$.

190. Calculer une intégrale $\int_C P\,dx - Q\,dy$ comme somme (ou plutôt comme différence) de deux aires, en la décomposant en deux. Exemple :

$$\int y \sin x\,dx - \cos x\,dy$$

étendue à un contour quelconque : prendre par exemple comme contour un cercle ayant l'origine pour centre et l'unité pour rayon. Les deux courbes déduites de ce cercle par les transformations de l'ex. 189 auront même aire puisqu'on a $\frac{\partial P}{\partial y} = \frac{\partial Q}{\partial x}$. On le vérifiera au planimètre.

191. Naturellement, les méthodes s'appliquent si la courbe C n'est pas une courbe fermée, mais simplement un arc : l'intégrale $\int y\,dx$ à laquelle on est conduit est aussi étendue à un arc; mais elle représente une aire tout de même (*voir* **267**).

Exemple : $\int_C x\,dx$. — L'arc C' correspondant à C est un segment de droite, l'aire est un trapèze. Vérifier que l'aire ne dépend pas de la forme de la courbe C, mais seulement de ses extrémités.

Exemple : $\int x^2\,dx$; $\int x^3\,dx$, les courbes C' sont des paraboles $y = x^2$ ou $y = x^3$. — Calculer l'aire qu'elles limitent.

192. Voici des cas particuliers importants. Supposons P du **second degré et homogène**; nous avons déjà étudié le cas où P est du premier degré, car

$$\int (ax + by)\,dx = a \int x\,dx + b \int y\,dx.$$

Les termes du second degré donnent les deux intégrales nouvelles

$$\int_C xy\,dx, \qquad \int_C y^2\,dx.$$

La construction de $Y = xy$ est aisée (*fig.* 34). On trace la droite $x = 1$: M s'y projette en μ et $O\mu$ coupe Mp au point M' cherché. Le point M' décrit la courbe C' qui détermine l'aire à évaluer.

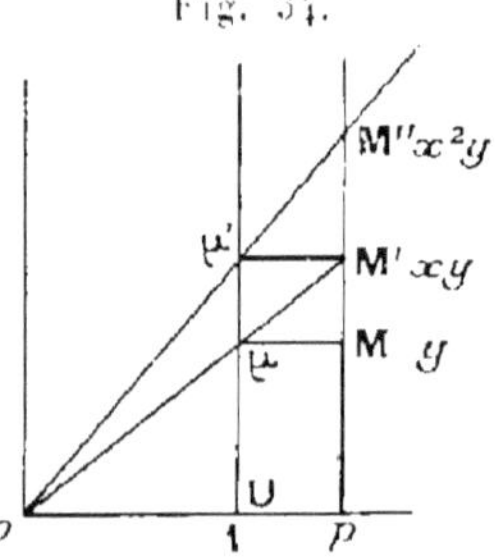

Pour la deuxième intégrale, il faut construire le point $x = X$, $y^2 = Y$. On prend (*fig.* 24, p. 74) $OU = 1$, $UAB = \frac{\pi}{2}$. L'angle droit s'exécute aisément en traçant deux droites rectangulaires sur un transparent et faisant coïncider le sommet de l'angle avec A. On pique B', et l'on déduit M'.

Les intégrales du troisième degré donnent les types

$$\int x^3\,dx, \qquad \int x^2y\,dx, \qquad \int xy^2\,dx, \qquad \int y^3\,dx.$$

La première a déjà été calculée (ex. 191). Pour la seconde, il faut construire $Y = x^2y = x \times xy$. On construit d'abord l'or-

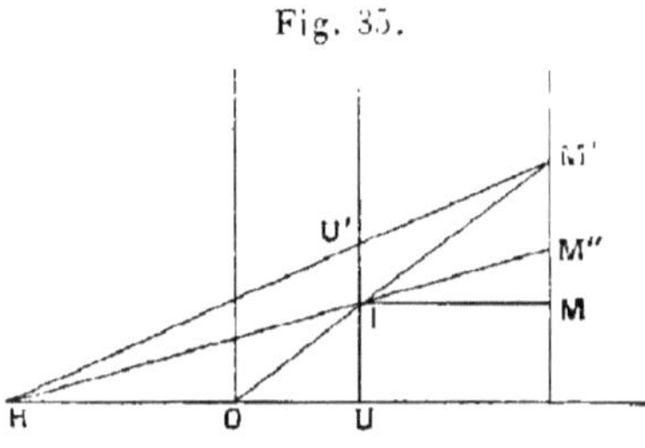

donnée xy par la construction de la figure 34, puis en répétant une fois encore la même construction on a l'ordonnée $x^2y = p$M''.

Pour la troisième, il faut construire $Y = xy^2$, on part (*fig.* 35) de M(x, y), on construit d'abord M'$(OU = 1)$

d'ordonnée xy. On prend $UU' = 1$, $M'U'$ coupe l'axe des x en II et III donne le point cherché M''. On aurait pu aussi construire le point de coordonnées x, y^2 (*fig.* 24), puis appliquer à ce point la construction de la figure 34 qui donne le produit $x \times y^2$ des coordonnées.

Pour la dernière intégrale, on construira y^3 (voir *fig.* 24). Le tracé des perpendiculaires se fait au moyen d'un transparent sur lequel sont tracées deux droites rectangulaires, ou mieux un quadrillé, ou mieux encore en faisant *le dessin* sur transparent et en utilisant un papier quadrillé millimétrique comme *dessous* pour tracer les trois perpendiculaires.

Le lecteur appliquera ces diverses constructions, ainsi que celles qu'il imaginera pour les intégrales de degré plus élevé, à des courbes C prises au hasard, ou aux exemples qui vont être indiqués.

193. Intégrales doubles. — Calculer l'intégrale double

$$\int \int (x^2 - y^2)\, dx\, dy$$

étendue au demi-cercle

$$x^2 + y^2 - 2x = 0, \qquad y > 0.$$

On pose

$$\frac{\partial P}{\partial x} = x^2 - y^2 \qquad \text{ou} \qquad P = \frac{x^3}{3} - y^2 x$$

et l'on est ramené aux intégrales curvilignes $\int x^3\, dy$ et $\int xy^2\, dy$ du type précédent. On utilise la formule

$$\int \int_S \frac{\partial Q}{\partial x}\, dx\, dy = \int_C Q\, dy \quad (\textit{voir } 278).$$

194. Calculer l'arc d'ellipse par l'intégrale curviligne

$$\int \sqrt{dx^2 + dy^2}$$

en ramenant soit à une intégrale définie ordinaire (**289**) au moyen de l'anomalie excentrique, soit à l'intégrale $\int \sqrt{1+y'^2}\, dx$ qui conduit à construire la courbe auxiliaire $X = x$, $Y = \sqrt{1+y'^2}$. On calculera Y en évaluant en chaque point le coefficient angulaire de la tangente, ou y'.

195. Aire d'une surface de révolution. — Il faut (293) calculer $\int r\, ds$, r rayon du parallèle, ds élément d'arc de la méridienne. Relever la méridienne d'une surface de révolution : une bouillotte, un pied de table ; construire cette courbe, et la courbe auxiliaire obtenue en portant s en abscisse, r en ordonnée. On est ramené à calculer l'aire de cette dernière courbe.

196. Volume d'une surface de révolution. — On est ramené à $\int r^2\, dz$ étendue à la méridienne (ou à un arc de méridienne) (294). Cette intégrale est l'un des types étudiés. Appliquer à un ellipsoïde, à un œuf, en relevant la méridienne soit par une lecture directe des diamètres de quelques parallèles tracés au compas sur la surface, soit en enfonçant l'œuf dans une couche de sable jusqu'à moitié.

197. Volume quelconque, au moyen de l'intégrale double $\int\int z\, dx$. Exemple : volume compris entre un paraboloïde $x^2 + y^2 = z$ et une sphère $x^2 + y^2 + z^2 = y$. On construira d'abord, au moyen d'une épure, la projection horizontale de la courbe d'intersection. Il faut ensuite étendre à cette courbe l'intégrale double $\int\int (x^2 + y^2)\, dx\, dy$, ce qui ramène aux deux intégrales curvilignes $\int x^3\, dy$ et $\int xy^2\, dy$ qui sont des types étudiés (ex. 192).

198. Centres de gravité. — Déterminer le centre de gravité d'une demi-onde de sinusoïde. L'abscisse est $\frac{\pi}{2}$; l'ordonnée conduit à l'intégrale $\int y\,ds$ ou encore $\int y\sqrt{1-y'^2}\,dx$. On construira les points

$$X = x, \qquad Y = y\sqrt{1+y'^2} = \sin x\sqrt{1+\cos^2 x},$$

et l'on est ramené à l'intégrale $\int Y\,dX$ pour la nouvelle courbe.

Centre de gravité d'une surface plane. On est ramené à des intégrales comme $\int\int x\,dx\,dy$. Cette intégrale se ramène soit à l'intégrale curviligne $\int x^2\,dy$, soit à $\int xy\,dx$, qui sont toutes deux des types étudiés plus haut. Appliquer à un secteur elliptique, parabolique, à une figure formée d'arcs de cercles se raccordant : anse de panier.

199. Moment d'inertie. — Tracer une figure quelconque, par exemple un profil de fer marchand, en ⊔ ou en **T** (prendre des dimensions dans un aide-mémoire ou un catalogue). Déterminer l'ellipse centrale d'inertie. On construira le centre de gravité, les axes de l'ellipse d'inertie. Les moments principaux d'inertie ne se déterminent pas graphiquement à cause de la simplicité de la forme. Tracer l'ellipse. Calculer le moment d'inertie autour d'un diamètre quelconque : $1°$ en utilisant l'ellipse (**307**); $2°$ graphiquement. Comparer les résultats. La droite étant prise pour axe Ox, le calcul revient à celui de l'intégrale double $\int\int y^2\,dx\,dy$, c'est-à-dire à l'une ou à l'autre des intégrales curvilignes $\int y^3\,dx$ ou $\int xy^2\,dy$.

200. Déterminer l'ellipse d'inertie d'un profil non symétrique (par exemple fer en ⊔ à ailes inégales : $1°$ centre de gravité; $2°$ tracer deux droites rectangulaires et calculer, ces droites étant prises pour axes, les trois intégrales $\int\int y^2\,dx\,dy$,

$\iint x^2\,dx\,dy$, $\iint xy\,dx\,dy$, qui toutes se ramènent aux intégrales types étudiées à l'ex. **192** $\left(\text{la dernière donne } \int x^2 y\,dy\right)$. En déduire l'équation de l'ellipse d'inertie. Chercher ses axes en faisant tourner les axes de coordonnées d'un angle α et exprimant que le terme en xy s'en va (*voir* **77**). Autrement : calculer les moments d'inertie par rapport à trois droites quelconques passant par le centre de gravité. On connaît alors six points de l'ellipse. Cela suffit pour la tracer (*voir* ex. **9**, p. 127, et n° **681** des Leçons de M. G.).

201. Valeur efficace. — Calculer la valeur efficace de la fonction $y = \sin x$ dans l'intervalle $0 - \pi$ (c'est-à-dire la racine carrée de la valeur moyenne de y^2. Même question pour la fonction égale à x de 0 à $\frac{\pi}{2}$, et égale à $\frac{\pi}{2}$ ensuite : valeur efficace entre 0 et π; pour une courbe quelconque.

On appliquera encore la construction de la figure 24.

202. Intégrales $\displaystyle\int_0^{\varphi} \cos^{2n}\varphi\,d\varphi$. — Évaluer l'aire comprise entre une courbe potentielle ($r = \cos^p \varphi$) (*voir* ex. **21**), l'axe polaire et le rayon vecteur. Montrer que cette aire donne l'intégrale précédente à un facteur près $\left(\frac{1}{2}\right)$. En déduire une façon simple de calculer ces intégrales au planimètre. On sait qu'à ce problème se ramènent les calculs d'intégrales de différentielles rationnelles (*voir* n° **257**).

QUINZIÈME SÉRIE.

(318-340).

203. On donne l'équation différentielle

$$y' = xy^3 - x^2 y.$$

Calculer, par des dérivations successives, les expressions des dérivées y'', y''', ... en fonction de x, de y et des dérivées déjà calculées. Calculer les valeurs numériques de toutes ces dérivées pour $x = 1$, $y = 1$. En déduire les premiers termes du développement en série de Taylor (**171**) de l'intégrale $y(x)$ définie par ces conditions initiales. Limiter le développement à quelques termes (3 ou 4) et évaluer l'écart entre la dérivée de la fonction ainsi obtenue et la fonction $xy^3 - x^2 y$. Cet écart est nul pour le point $x = 1$, $y = 1$. Il est voisin de zéro pour tous les points d'une petite région entourant ce point. Déterminer cette surface de façon que l'écart soit inférieur à 0,1. On aura à résoudre une inégalité telle que

$$P(x, y) < 0,1 ;$$

on résoudra l'équation $P(x, y) = 0,1$ en construisant la courbe qui représente cette équation. Cette courbe fournira une petite aire environnant le point $x = 1$, $y = 1$: c'est l'aire demandée. Dans cette aire on peut dire que la fonction approchée intègre l'équation différentielle à 0,1 près, l'erreur s'appliquant à la dérivée première. Déduire de cette limite de l'erreur commise sur la dérivée, une limite de l'erreur commise sur la fonction, en appliquant la remarque suivante : si, dans l'intervalle $x_0 - x_1$, une fonction a une dérivée inférieure à α en valeur absolue, l'écart entre sa plus grande et sa plus petite valeur est inférieur à $\alpha(x_1 - x_0)$ (*voir* 149 et 247). Mais peut-on dire quelque chose au sujet de la dérivée seconde ? Calculer une limite supérieure de l'erreur sur la dérivée seconde en calculant la dérivée seconde de la fonction approchée, la dérivée seconde de l'intégrale exacte (déduite de l'équation différentielle) et en raisonnant sur la différence de ces deux fonctions, fonction de x et de y.

204. Approximations successives. — Soit à déterminer l'intégrale de l'équation $y' = f(x, y)$ qui se réduit à y_0 pour $x = x_0$. On calculera la fonction y_1 par l'équation

$$y_1 - y_0 = \int_{x_0}^{x} f(x, y_0)\, dx.$$

La fonction y_1 se réduit à y_0 pour $x = x_0$ et sa dérivée se réduit à $f(x_0 y_0)$ pour $x = x_0$. On calcule ensuite la fonction y_2 telle que

$$y_2 - y_1 = \int_{x_0}^{x} f(x, y_1)\, dx.$$

On obtient ainsi une suite de fonctions y_1, y_2, ... qui sont de plus en plus voisines de l'intégrale exacte. On pourra construire les courbes approchées successives comme à l'exercice 174, par un procédé graphique. On construira les courbes auxiliaires $Y = f(x, y)$, en considérant x comme un paramètre, et y et Y comme les coordonnées. Appliquer le calcul à l'équation

$$y' = x^2 y^2 - 1,$$

en prenant $x_0 = y_0 = 0$.

205. Équation linéaire du second ordre. — Intégrer l'équation

$$y'' + py' + qy = 0$$

dans l'hypothèse $p > 0$; $p^2 - 4q < 0$. Construire la courbe intégrale avec les valeurs [numériques suivantes : $p = 0,2$, $q = 5$, et comme valeurs initiales $x = y = 0$, $y' = 1$.

Revenir au cas général. Calculer le facteur de l'amortissement en fonction de p et q. Calculer également en fonction de p et q : 1° la période; 2° la période en supposant $p = 0$; 3° le rapport de ces deux périodes ou, mieux, son carré. Constater que l'amortissement et le rapport des périodes ne dépendent que de $\dfrac{p^2}{q}$. Incidemment, constater que $\dfrac{p^2}{q}$ est un *nombre*, en évaluant l'homogénéité de p et de q; on introduira les espèces de x et y. Construire la courbe obtenue en portant en abscisse X l'amortissement et en ordonnée Y le rapport des périodes : courbe paramétrique (**25**), le paramètre est $\dfrac{p^2}{q} = t$. Constater que le rapport de spériodes est très voisin de *un*. La courbe est tangente à $Y = 1$ pour $X = 1$ ($t = 0$). Développer en série X en fonction de $1 - Y$.

206. Intégration graphique. — Étudier la chute verticale d'une plaque avec résistance de l'air, proportionnelle au carré de la vitesse. Cela revient à intégrer l'équation différentielle (**339**)

$$m\frac{d^2x}{dt^2} = mg - kv^2 = mg - k\left(\frac{dx}{dt}\right)^2,$$

ou encore

$$m\frac{dv}{dt} = mg - kv^2.$$

On trouvera des données numériques aux exercices **71** et **116**. On détermine k de façon que, pour une certaine vitesse connue, la résistance soit égale au poids. Faire l'intégration (les variables se séparent) et construire le diagramme des vitesses. Conditions initiales : on suppose $v = 0$ pour $t = 0$.

Construire le diagramme des vitesses par le procédé graphique suivant. Au début l'accélération est g; au bout du temps θ (0,1 seconde par exemple), la vitesse est $g\theta$. Alors l'accélération devient $g - \dfrac{Kg^2\theta^2}{m}$. Au bout du temps 2θ, la vitesse est devenue $g\theta + \left(g - \dfrac{Kg^2\theta^2}{m}\right)\theta$. Le diagramme est ainsi formé d'une succession de segments de droite de moins en moins inclinés sur l'axe des temps. Le comparer au diagramme déduit de l'intégration algébrique.

Déduire du diagramme des vitesses celui des espaces (*voir* ex. 71). Comparer avec le diagramme construit à l'exercice 116 et déduit des expériences.

207. Courbe du chien. — Un mobile parcourt une droite d'un mouvement uniforme. Un second mobile, parti d'un point B, non situé sur la droite, est animé également d'un mouvement uniforme, mais sa vitesse est constamment dirigée vers le point A. Construire sa trajectoire : on considérera de petits intervalles de temps θ; on construira les positions de A aux instants 0, θ, 2θ, ..., soient $A_1 A_2$, ...; la courbe se composera d'un segment BB_1 dirigé vers A_1, d'un segment $B_1 B_2$ dirigé sur la droite $B_1 A_2$, etc., tous ces segments ayant pour longueur $v\theta$. Établir les équations différentielles du mouvement.

208. Déterminer par un procédé analogue la **trajectoire d'un aviateur** qui décrirait, dans un vent nul, un cercle d'un mouvement uniforme en supposant qu'il fasse les mêmes manœuvres dans un vent latéral de vitesse donnée et de direction quelconque.

209. Équations intrinsèques. — Construire une courbe telle que le rayon de courbure soit inversement proportionnel à l'ordonnée (336). On a $Ry = a$. On se donne un point de la courbe et la tangente en ce point (l'équation est du second ordre). On connaît alors la normale et par suite le centre de courbure, car $R = -\dfrac{a}{y}$. On trace un premier arc de la courbe (arc de cercle) et de sa développée, dont le rayon de courbure (180) est $\dfrac{dR}{d\alpha}$; or, on a (174)

$$dy = -\,R \sin \alpha\, d\alpha,$$

donc

$$\frac{dR}{d\alpha} = -\frac{dR \times R \sin \alpha}{dy} = \frac{R^2 \sin \alpha}{y}.$$

On mesure, d'autre part, dy sur la figure (l'erreur n'est que du troisième ordre) et l'on en déduit $d\alpha$, et par suite la position de la normale et du point où elle touche la développée. Et ainsi de suite.

210. Construire de la même façon une courbe dont le rayon de courbure est inversement proportionnel à l'arc. On part de l'origine O des arcs (point d'inflexion) avec une direction quelconque de tangentes. La courbe est d'abord confondue avec la tangente. On prend un point de la tangente voisin de O, soit A. En ce point, la courbure est $k \times OA$; d'où le centre de courbure et le cercle osculateur. L'angle α de la tangente avec sa position initiale est proportionnel à s^2; son accroissement est $2s\,ds$; on en déduit la normale voisine, un autre cercle osculateur et ainsi de suite.

Ramener une équation quelconque du second ordre

$$y'' = f(x, y, y')$$

à une relation entre R et α. En déduire un procédé d'intégration graphique de l'équation du second ordre.

SEIZIÈME SÉRIE.

CONSTRUCTIONS GÉOMÉTRIQUES RELATIVES AUX VECTEURS.

45-60; 296-307; 311-313.

211. Construire la résultante d'un certain nombre de vecteurs concourants; s'assurer que l'ordre dans lequel on les ajoute n'influe pas sur la résultante; de même on peut grouper plusieurs des vecteurs donnés et les remplacer par leur somme effectuée.

Si l'on se donne des vecteurs dans un même plan, il n'y a aucune difficulté. Si les vecteurs sont quelconques, on se donnera chacun d'eux par ses deux projections, ou par sa projection cotée, et l'on remarquera que la projection d'un parallélogramme est un parallélogramme; que la cote du quatrième sommet relativement au premier est la somme des cotes du second et du troisième.

212. On donne un vecteur dans un plan; construire le moment de ce vecteur par rapport à un point du plan; le moment étant normal au plan, il suffit de l'évaluer numériquement; choisir les échelles : échelle de vecteur, échelle de longueurs, échelle de réduction pour les moments. Ramener le calcul à une évaluation d'aire (triangle) qu'on effectuera par la lecture de la base et de la hauteur, ou au planimètre.

213. Reprendre la construction en supposant le vecteur

donné par ses deux projections (ou sa projection cotée). — Exemple : les axes étant la ligne de terre (Ox), une ligne de bout Oy, une verticale (Oz), le vecteur a pour origine o, 2, — 1 et pour extrémité 3, — 2, — 1 ; et le point a pour coordonnées 4, o, o. On aura à mener une droite normale à un plan donné, puis à porter sur cette droite une longueur égale à une aire dont on obtiendra la valeur par rabattement. On peut aussi commencer par rabattre de façon à rendre horizontal le plan défini par le point et le vecteur; on est alors conduit au cas traité à l'exercice précédent.

214. Réduction d'un système de vecteurs. — On donne les deux vecteurs d'origines o, o, 1; o, 2, — 1 et de projections respectives 5, o, o et 6, o, 3. Construire en un point A qu'on choisira arbitrairement le moment résultant et la résultante générale de ce système de deux vecteurs. On pourra prendre le point sur un des vecteurs pour annuler un des moments.

215. Construire l'axe central du même système de vecteurs. — On déterminera d'abord la projection du moment résultant sur la résultante générale ; puis sur une perpendiculaire menée par le point A au plan défini *par le moment résultant* et la *résultante générale*, on déterminera un point tel que le moment de AR par rapport à ce point soit la différence entre le moment résultant AC et sa projection AR (*voir* 56, 57).

216. Vecteurs dans un même plan. — On donne un système de vecteurs dans un même plan; construire (*fig*. 36) leur résultante; ils en ont une en général (59). La construction ci-contre a été faite pour un système de deux vecteurs V_1, V_2; on la fera pour un nombre quelconque de vecteurs. On détermine d'abord la direction de la résultante, en construisant *abc* où *ab* est équipollent à V_1 et *bc* à V_2; la résultante cherchée est équipollente à *ac*. Pour en trouver un point, on prend un point O quelconque. On mène Δ parallèle à Oa; par le point où A coupe V_1 on mène la parallèle à Ob; elle coupe V_2 en un point par lequel on mène la parallèle à Oc. Elle coupe Δ au point cherché. Justifier la construction en montrant qu'elle

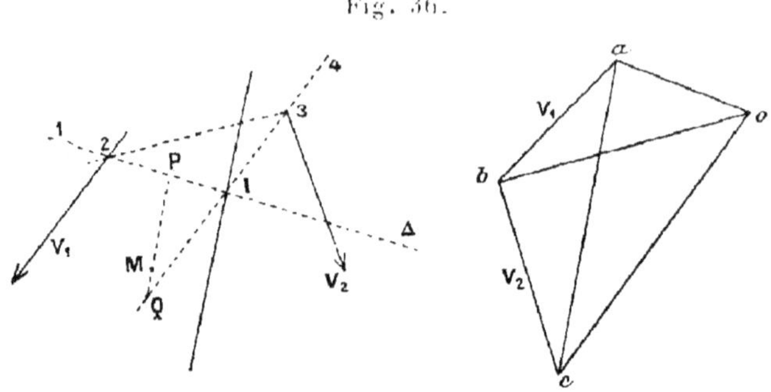

Fig. 36.

revient à introduire les deux vecteurs opposés Oa et aO; à chercher la résultante de aO et de V_1; de leur résultante et de V_2, etc. Le polygone 1, 2, 3, 4 s'appelle *polygone funiculaire*.

217. Construire le moment résultant par rapport à un point M **du plan.** — On mène par M (*fig.* 36) la parallèle à ab. Elle coupe en P et Q les côtés extrêmes du funiculaire. Le moment est proportionnel à PQ. Soient, en effet, d la distance de M à la résultante (ou de 1 à PQ); δ la distance de O à ac. Le moment est Rd. Or, on a

$$\frac{PQ}{ac} = \frac{d}{\delta} \qquad \text{et} \qquad ac \times d \qquad \text{ou} \qquad R \times d = PQ \times \delta;$$

avec $\delta = 1$, on aurait : moment $=$ PQ.

218. Appliquer la construction précédente à la **composition de vecteurs parallèles** dans un même plan. On construit le vecteur résultant. En faisant tourner tous les vecteurs de 90° autour de leur point d'application, le nouveau vecteur résultant donnera le centre des distances proportionnelles (**19**).

219. **Appliquer à la recherche du centre de gravité d'une figure** fournie par des assemblages de figures simples (exemples : profils de fers marchands). Si la figure a un axe de symétrie il sera inutile de faire tourner de 90° les vecteurs ; seulement on placera les vecteurs (parallèles entre eux) non parallèles (perpendiculaires par exemple) à l'axe de symétrie.

220. **Centre de gravité d'une figure plane quelconque.** — On la décompose en petits rectangles, et l'on remplace chacun de ces rectangles par un vecteur proportionnel à son aire (à sa hauteur, si la largeur est constante) appliqué au centre, et parallèle à une direction fixe. Appliquer à une demi-ellipse.

On peut même appliquer la construction à une figure non plane ayant un plan de symétrie. On la décomposera en petits prismes dont la hauteur est très petite et dont la base a une aire connue. Appliquer à un demi-ellipsoïde à axes inégaux ou de révolution. Rabattre dans le plan de la figure l'ellipse principale qui est normale au plan de la figure. On aura ainsi les axes des ellipses de base des petits prismes. Appliquer à une surface de révolution de méridienne quelconque : une colonne, un objet usuel quelconque.

221. **Moments d'inertie.** — Construire le centre de gravité d'une aire plane en la décomposant en petites bandes parallèles à une droite fixe $x'x$. Construire le funiculaire. Calculer l'aire limitée par l'axe $x'x$ et deux côtés consécutifs du funiculaire. Montrer que cette aire est proportionnelle au moment d'inertie par rapport à $x'x$ de la bande représentée par le vecteur sur lequel se croisent les deux côtés considérés du funiculaire. En déduire que le moment d'inertie s'obtiendra en évaluant au planimètre l'aire comprise entre le polygone funiculaire et ses deux côtés extrêmes, et en divisant par l'aire de la surface. Ceci donne le moment d'inertie par rapport à la parallèle à $x'x$ menée par le centre de gravité. On en déduit aisément (**307**) le moment d'inertie par rapport à $x'x$.

222. **Autre méthode (Méthode de Mohr)**. — Il s'agit de calculer $y^2 ds$ ou $y \times y ds$. Posons $d\sigma = y ds$. Calculer $\Sigma y d\sigma$ revient à chercher le centre de gravité de bandes dont l'aire est $d\sigma$ ou $y ds$. Tout revient donc à multiplier par y les vecteurs représentant les aires des bandes rectangulaires.

223. **Décomposer un vecteur V en trois autres portés par les trois côtés d'un triangle** ABC. — Le moment de V par rapport à A est le produit du vecteur porté par BC par la distance de A à BC. Construire ainsi successivement les trois vecteurs inconnus.

224. **Décomposer un vecteur en deux vecteurs parallèles** au premier passant par deux points donnés : construction inverse de celle faite (ex. **216**) au moyen du polygone funiculaire.

225. **Champ de vecteurs**. — Un champ de vecteurs est obtenu en composant, en tout point M du champ, deux vecteurs dirigés vers deux points fixes A et B et respectivement mesurés par $\dfrac{3}{MA^2}$ et $\dfrac{1}{MB^2}$. Construire les lignes de niveaux du champ $\left(\text{lieu des points où la fonction de vecteur qui est } \dfrac{3}{MA} + \dfrac{1}{MB} \text{ est constante}\right)$. Construire les trajectoires orthogonales des lignes de niveau : en chaque point la trajectoire orthogonale qui y passe est normale à la ligne de niveau et tangente au vecteur résultant. S'en assurer.

DIX-SEPTIÈME SÉRIE.

79-86; 90-93; 187-198; 338.

226. Construire l'**intersection de deux couloirs voûtés** formés chacun de deux faces planes verticales, avec une voûte plein cintre : les axes des deux voûtes sont dans un même plan et se coupent sous un angle de 35°. Largeur des deux couloirs, $3^m.5o$; hauteur totale, 4^m. Faire l'épure en cotée. Vraie grandeur des ellipses de section. Découper dans deux feuilles de carton (échelle $\frac{1}{20}$) les développements des cylindres coupés, et les faire raccorder.

227. Puits cylindrique dans une galerie gothique. — Largeur de la galerie, $2^m,5o$; hauteur de la partie voûtée, $2^m,25$. L'axe du puits est dans le plan de symétrie de la voûte; diamètre du puits, $1^m,6o$. Construire la projection cotée de l'intersection, ses développements sur les cylindres. Dessiner les développements sur un carton souple; découper, assembler.

228. Œil-de-boeuf dans une coupole. — La coupole est une demi-sphère de $8^m,4o$ de diamètre; l'œil-de-bœuf est un cylindre à axe horizontal, de $1^m,6o$ de diamètre; son axe coupe la verticale du centre de la sphère à 4^m du sommet. La saillie de la génératrice la plus basse du cylindre hors de la sphère est de $4o^{cm}$. La face plane qui termine l'œil-de-bœuf est verticale. Épure; découpage du cylindre.

229. Biais passé : pont au-dessus d'une route qui coupe la voie sous un angle quelconque. On détermine la voûte au moyen du demi-cercle (vertical) de diamètre AB et du demi-cercle vertical de diamètre CD. Les génératrices de la surface réglée formant la voûte s'appuient sur les deux cercles et sur la perpendiculaire à AB menée par le

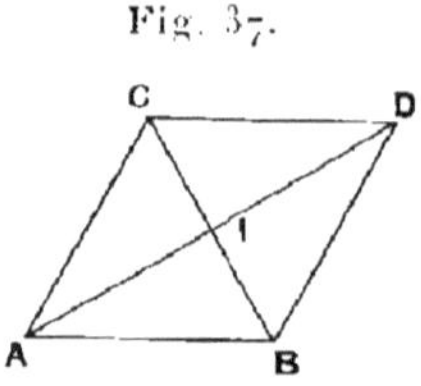

centre I du parallélogramme de naissance. Faire l'épure en prenant pour ABCD un losange d'angle égal à 60°. On construira un certain nombre de génératrices de la surface.

230. Développable. -- Se donner l'arête de rebroussement d'une développable, en fil de fer. Construire des génératrices de la surface en plaçant en divers points un certain nombre d'aiguilles à tricoter tangentiellement à l'arête : il suffit de lier l'aiguille et l'arête par un fil très fin sur une longueur de 2^{mm} ou 3^{mm}.

231. Construire une développable passant par deux courbes données. – Soient, pour fixer les idées, deux courbes planes C, C' dans des plans parallèles. Préparer un bloc de glaise ou de cire à modeler dans lequel on dressera deux faces planes parallèles. Dessiner sur ces plans les courbes C et C' (quelconques), par exemple deux ellipses dont les grands axes seront placés orthogonalement. Enlever de la matière suivant un plan tangent commun ab $a'b'$ (les deux tangentes ab, $a'b'$ sont parallèles)

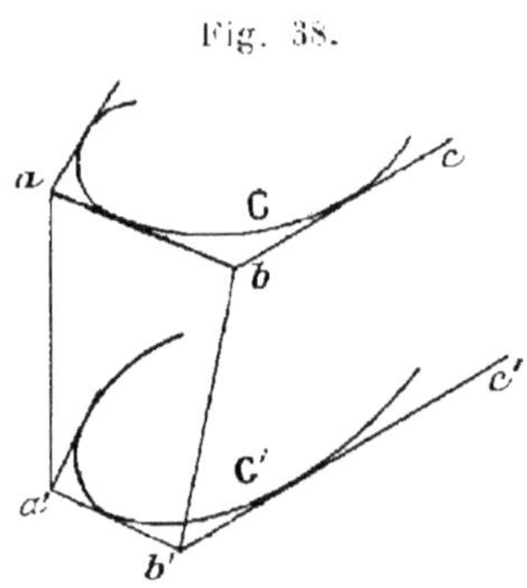

puis suivant un plan tangent voisin $bcb'c'$, et ainsi de suite; arrondir les angles en enlevant toujours de la matière suivant un plan tangent intermédiaire et ainsi jusqu'à ce qu'on ait obtenu les courbes C et C'. Il n'est pas indispensable de se donner à l'avance les courbes C et C'; il suffit de s'astreindre à construire toujours la surface par faces planes. La surface est certainement développable, car deux arêtes (génératrices, à la limite) consécutives sont concourantes.

Habiller la surface d'une feuille de papier. Constater ainsi que le patron en papier s'applique parfaitement.

Tendre un fil enduit d'encre sur la surface habillée (géodésique). Développer la feuille de papier, et constater que la trace du fil se développe suivant une droite.

232. Cartes d'une surface. — Faire la carte en projection stéréographique de l'hémisphère boréal. Prendre pour pôle d'inversion le pôle Sud. On obtient une carte limitée par l'équateur. Les méridiens donnent des droites; les parallèles donnent des cercles concentriques inégalement espacés (on les construit de 10 en 10 degrés). C'est graphiquement qu'on calculera les positions des parallèles, en construisant une coupe de la figure par un plan méridien. Tracer en s'aidant d'un atlas la Carte de l'Europe. Évaluer au planimètre l'aire de la portion de plan occupée par l'Europe. En déduire une valeur approchée de l'aire de l'Europe en tenant compte : 1° de l'échelle; 2° de ce que le rapport de réduction des longueurs varie dans la carte en fonction de la latitude suivant une loi aisée à établir. On remplacera la latitude par la latitude moyenne de l'Europe. Si l'on ne juge pas l'approximation suffisante, on décomposera l'Europe en plusieurs régions et l'on adoptera plusieurs latitudes moyennes.

Placer le cap Lizard, New-York. Construire la loxodromie qui passe en ces deux points. Montrer que c'est une spirale (192) logarithmique (ex. 169 et 170). La déterminer. Tracer également le grand cercle qui passe par les deux points : son image dans la carte est une droite. Constater que la route par la loxodromie est au sud de la route par le grand cercle et qu'elle est plus longue. Comment évaluer le chemin véritable parcouru?

Il faut tenir compte de la latitude qui fait varier à chaque instant le rapport de l'élément d'arc sur la carte à l'élément d'arc sur la terre. En portant sur les normales au chemin une longueur égale au rapport de similitude on délimitera une aire égale à la longueur véritable de la route. Faire la construction pour les deux routes et comparer.

233. Projection de Mercator. — Reprendre la question précédente en utilisant le procédé de Mercator. On obtient une carte rectangulaire illimitée du côté du pôle Nord. Tracer la carte de l'Europe et comparer à celle obtenue à l'exercice précédent.

Tracer la loxodromie (ligne droite) joignant deux points : cap Lizard-New-York. Tracer le grand cercle en utilisant le tracé de l'exercice **232** : on reportera pour cela sur la seconde carte les divers points du grand cercle tracé dans la première ; on en connaît la latitude et la longitude. Achever l'exercice comme le précédent par la construction de bandes dont l'aire représentera la longueur du trajet : on obtient ces bandes en portant sur les diverses normales au trajet le rapport de similitude, proportionnel au cosinus de la latitude.

234. Surfaces topographiques. — Calquer des courbes de niveau sur une Carte d'État-Major au $\frac{1}{50000}$ ou au $\frac{1}{200000}$ (la Carte au $\frac{1}{80000}$ est avec hachures). Déterminer des lignes de pente. Tracer une ligne de pente constante donnée : connaissant l'intervalle (différence de niveau) et la pente, on aura la distance horizontale des points de la route sur deux lignes de niveau consécutives, ce qui permet d'obtenir l'un connaissant l'autre, et ainsi de suite de proche en proche. Joindre deux points par une route de pente constante : on procédera par tâtonnement en prenant la pente au hasard : on a une première approximation par excès de la valeur de la pente en divisant la dénivellation par la distance des projections horizontales. Atteindre le sommet d'un mamelon par un chemin

de pente donnée partant d'un point donné. Établir une route
de col en se donnant un maximum de pente (10 pour 100 par
exemple).

La carte au $\frac{1}{200000}$ pourra suffire pour un pays vallonné
(Suisse normande, département du Var, etc.). Cette échelle
serait insuffisante pour un pays franchement montagneux. A
défaut d'une telle carte on aura la ressource de tracer soi-même
et au hasard les courbes de niveau.

**235. Étudier les variations de courbure en un point d'une
surface** définie par les lignes de niveau. — Pour faciliter
l'étude, on prendra un sommet (à normale verticale). Couper
par un plan normal (vertical), construire chaque fois une projection verticale auxiliaire, et en déduire la courbure de cette
section. On pourra procéder au moyen d'un calque : la surface sera tracée sur calque et pour construire la projection
verticale auxiliaire on placera le calque sur quadrillé millimétrique, le quadrillage étant parallèle et perpendiculaire à
la trace du plan vertical de projection : les lignes de rappel
sont ainsi toutes tracées et il n'y a qu'à pointer la projection.
On constatera que la courbure n'est pas très bien déterminée.
Construire l'indicatrice : trois points suffisent puisqu'on a le
centre. Axes de l'indicatrice.

236. Cubature des terres. — Déduire des courbes de niveau
le volume occupé par un mamelon, un massif montagneux au-
dessus d'un certain plan horizontal : on multipliera les aires
des différentes courbes de niveau mesurées au planimètre par
l'équidistance.

237. Altitude moyenne d'une région. — Délimiter une région sur une carte et calculer son altitude moyenne, c'est-à-
dire la cote d'un plan horizontal tel que le volume en plein
au-dessus de ce plan égale le volume en creux situé au-dessous. On évaluera le volume au-dessus d'un plan horizontal

suffisamment bas, et en divisant par la surface de la région on aura la cote du plan cherché.

Cuber de la même façon le volume des océans en utilisant une carte de la Terre avec lignes de niveau, et le volume des terres émergées au-dessus du niveau des mers. Tenir compte, quand ce sera nécessaire, de la courbure de la terre : c'est parfaitement inutile pour les portions d'aires n'embrassant qu'une vingtaine de degrés. Approximation.

238. Tracé des routes. — Tracer quelques courbes de niveau (non fermées) formant un flanc de coteau, avec, par exemple, les cotes 1, 2, 3, ... Tracer sur le plan une route rectiligne de 8^m de large (grande échelle) horizontale, et de cote intermédiaire. Dresser un certain nombre de profils en travers : section de la route et du terrain par une série de plans perpendiculaires à la route. Joindre la route au terrain sur le côté par des talus à 45°. On obtient ainsi une représentation de l'état actuel (route non construite) et de l'état futur (route construite) du terrain. Cuber les terres de remblai (à apporter) et les terres de déblai (à enlever). Tenir compte du *foisonnement* qui oblige à majorer de 15 pour 100 environ le volume des remblais qui se tasseront par la suite. Pour évaluer les volumes, on multiplie l'aire du déblai ou du remblai mesurée dans le profil en travers par l'équidistance des profils en travers. Rien n'empêche de remplacer la route rectiligne par une route curviligne ; la route horizontale par une route en pente.

MODÈLES D'HYPERBOLOÏDES.

239. Préparer deux plateaux de bois mince, maintenus parallèles à une distance constante par un cylindre formant axe, soit en bois, soit en métal (par exemple, distance des plateaux 20^{cm}, épaisseur 5^{mm}, largeur 20^{cm}). Tracer sur les plateaux deux cercles de même axe et égaux ; subdiviser les cercles en 16 ou 32 arcs égaux ; forer les plateaux aux points de division et les numéroter de façon que les trous numérotés 1, 1′ ne soient pas sur une parallèle à l'axe de figure. Passer une ficelle mince et longue dans les trous 1, 1′, 2′, 2, 3, 3′, 4′, 4, …. On obtient les génératrices d'un hyperboloïde de révolution, en tendant la ficelle et la nouant au bout. On fait varier le cercle de gorge en changeant l'origine du numérotage dans l'un des disques. Observer la rotation du plan tangent le long d'une génératrice. Contour apparent de la surface vue dans différentes directions.

240. Paraboloïde. — Préparer comme à l'exercice précédent deux plateaux parallèles et faire des trous en nombre égal dans les deux plateaux, en les disposant dans chaque plateau en ligne droite ; les trous seront équidistants, et les deux droites qui les portent feront entre elles un angle de 60° ou 90° ; l'équidistance des trous sera, par exemple, 10^{mm} pour un des plateaux, 15^{mm} pour l'autre. Numéroter 1, 2,… en haut ; 1′, 2′… en bas. Passer une ficelle dans l'ordre 1, 1′, 2′, 2, …. On obtient un paraboloïde. Construire le second plan directeur : on déterminera sa trace dans l'un des plateaux en menant par la génératrice 11′ par exemple un plan parallèle à la génératrice 22′ ou 33′… ; ce qui se fait en menant par le point 5′ par exemple un vecteur équipollent à $\overrightarrow{51}$. Le plan défini par le point obtenu A et la droite 11′ est directeur. La direction A1′ est celle de l'axe.

Contour apparent de la surface ; c'est une parabole. Diviser chaque génératrice 11′, 22′… en un même nombre de parties égales (3 ou 4). Constater que les points obtenus sont alignés (second système de génératrices). On fera l'expérience en tendant une ficelle qui doit passer par les points ; ceux-ci seront marqués à l'encre par exemple. Les génératrices de ce second système sont parallèles aux plans des plateaux.

Remarquer que la figure en perspective offre la disposition dont il est question à la fin de l'exercice 44.

233-239; 31-36; 177.

241. On porte en abscisse une longueur $X = f(x)$ et en ordonnée une longueur $Y = \varphi(y)$. Le point X, Y décrit une courbe Γ qui correspond à celle (C) que décrit le point de coordonnées x, y. Choisir des fonctions f et φ de nature à simplifier la courbe donnée C.

Exemple. — Paraboles $y^2 = ax + b$. On pose $Y = y^2$, $X = x$, et l'on a
$$Y = aX + b.$$

Il suffit donc de graduer l'axe des Y en cotant 1, 2, 3, ... les points aux distances 1, 4, 9, ... de l'origine. Les paraboles deviennent des droites.

Traiter par ce moyen les exercices de la quatrième série.

242. Échelle homographique. — Prendre $X = \dfrac{ax + b}{cx + d}$. Montrer que toutes les fonctions homographiques $y = \dfrac{Ax - B}{cx + d}$ de même dénominateur deviennent des droites dans le plan X, Y $(Y = y)$.

Application à la formule de Babinet (ex. 7, p. 498. Leçons de M. G.).

243. Échelles logarithmiques. — Emploi de papiers à deux échelles logarithmiques. Représenter sur du papier à deux échelles logarithmiques ($X = \log x$; $Y = \log y$) les courbes de puissances $y = ax^n$ ou

$$Y = \log a + nX.$$

Ces courbes deviennent des droites. Dresser au moyen du papier une Table de carrés : $a = 1$, $n = 2$; de racines carrées $\left(n = \frac{1}{2}\right)$ de puissances $\frac{3}{2}$, $\frac{5}{2}$, de cubes, de racines cubiques, d'inverses ($n = -1$) d'inverses de racines carrées $\left(n = -\frac{1}{2}\right)$. On tracera les diverses droites et sur chacune on écrira, soit la valeur correspondante de n, soit l'équation correspondante $y = x^n$ ou $y = ax^n$. Pour construire chaque droite, on en construit un point : l'origine ($x = 1$, $y = a = 1$) et l'on tient compte de ce que n est le coefficient angulaire.

Préparer une feuille de papier logarithmique en vue du calcul des formules monomes à un seul paramètre. Exemples : surface du cercle $\pi r^2 = s$: on pose $Y = \log s$, $a = \pi$, $X = \log r$. On a la droite

$$Y = 2X + \log \pi.$$

Volume de la sphère. $X = \log d$, $Y = \log v$, et l'on a

$$Y = \log \frac{\pi}{6} + 3X.$$

Poids du mètre courant d'un fil de fer ou de cuivre (densité 7,7 ou 8,8) de diamètre d.

Chute des corps : espace en fonction du temps, vitesse en fonction de la hauteur de chute.

244. Papier à simple échelle logarithmique. — On porte en ordonnées $Y = \log y$; en abscisses, l'échelle est métrique. Représenter au moyen d'un tel papier quadrillé la fonction logarithmique $X = \log y$ ($Y = X$); la fonction exponentielle $y = e^x$ ($Y = X$).

$$\text{Fonction } y = e^{-x^2} \quad \text{ou} \quad Y = -X^2 \text{ parabole}.$$
$$\text{Fonction } y = e^{e^x} \quad Y = e^X.$$

Représenter la fonction $y = e^{-x}\sin x$ ou

$$Y = - X + \log \sin X.$$

Il faut ajouter aux ordonnées de la droite $Y = - X$ celles de la courbe $Y = \log \sin X$ qu'on construira d'abord.

ABAQUES.

245. Échelles ordinaires (millimétriques). — Construire une formule monome à double entrée, soit $z = xy$. Prenons z pour paramètre, x et y pour coordonnées, on obtient un groupe d'hyperboles équilatères. Sur chacune d'elles on inscrit la valeur correspondante de z. Construire les dix hyperboles correspondant aux valeurs $z = 1, 2, \ldots, 10$. Montrer que cela suffit pour faire toutes les multiplications, en divisant d'abord les nombres à multiplier par une puissance de 10 telle que le produit xy soit inférieur à 10. Le point x, y sera entre deux de nos hyperboles. Pour interpoler on fera passer par le point le biseau d'un double-décimètre de façon que les extrémités de deux divisions du double-décimètre soient sur les deux hyperboles qui comprennent entre elles le point.

246. Prendre x pour paramètre, z et y pour coordonnées, l'abaque est formé de droites passant par l'origine. On les construira en joignant l'origine au point d'ordonnée x sur la droite $y = 1$ (cette droite est naturellement toute graduée avec du papier quadrillé).

Faire comparativement avec les deux abaques précédents la multiplication, la division, l'élévation au carré, l'extraction de la racine carrée. Pour élever au carré dans le premier cas on coupe par la droite $y = x$; dans le second, on cherche l'intersection de la droite de coefficient angulaire x avec la droite $y = 1$ (parallèle à l'axe des z). Pour la racine carrée, il sera commode dans le second cas de tracer la courbe auxiliaire $z = y^2$. Mais ce n'est pas indispensable : il suffit de chercher sur la droite de cote donnée, z, le point pour lequel x est égal à y.

L'élévation au cube est facile ($x = y^2$ ou $y = x^2$). La recherche de la racine cubique l'est moins.

247. Abaque pour le volume d'un cylindre. — On a $S = \dfrac{\pi a^2 h}{4}$. Posons $\dfrac{\pi d^2}{4} = x$, $h = y$, $s = z$ et nous sommes ramenés au cas précédent (ex. **246**) : il suffira de graduer d'abord la droite $y = 1$ à l'échelle $\dfrac{\pi d^2}{4}$. On pourra pour cela soit utiliser une Table de carrés, soit utiliser sur la même figure l'abaque de l'exercice précédent : on posera une première fois $\dfrac{\pi}{4} d = x$, $d = y$. Quant à $\dfrac{\pi}{4} d$, il se construit par une homothétie opérée sur l'échelle métrique avec le rapport $\dfrac{\pi}{4}$; cette construction opérée sur le côté droit de la figure donne immédiatement la graduation de $y = 1$ suivant l'échelle $\dfrac{\pi}{4} d$.

Utiliser l'abaque pour calculer soit le volume d'un cylindre, soit son diamètre (ou sa hauteur) connaissant le volume et la hauteur (ou le diamètre).

En remplaçant $\dfrac{\pi}{4} d$ par $\dfrac{\pi}{4} \rho d$, ρ étant la densité, on a la masse pour un cylindre de substance donnée.

248. Modifications à ce qui précède pour **le volume d'un cône**, la surface latérale (ou totale) d'un cylindre ; pour la formule de résistance de l'air

$$R = 0,084 \, SV^2 ;$$

pour la formule de la loi de Mariotte, $846 \, pv = T$ qui sont de même forme.

249. Câbles porteurs. — Abaque de la formule

$$\frac{8 \, T f}{\pi} = a^2,$$

$a =$ portée, T en kilogrammes par millimètre carré, π poids du mètre sous une section de 1^{mm^2}, $f =$ flèche. On posera

$$\frac{8\,T}{\pi} = x, \qquad f = y, \qquad a = z$$

et l'on a un faisceau de paraboles $(x = \text{const.})\ z^2 = xy$. En posant $a^2 = z$, on a un faisceau de droites, mais l'axe des z doit être gradué en carrés, ce qui se fera comme à l'exercice **245** en utilisant l'abaque $z = xy$ sur la même figure. L'abaque obtenu donnera f connaissant T $\left(\text{ou plus exactement } \dfrac{T}{\pi}\right)$ et z. Il donnera $\dfrac{T}{\pi}$ pour f et z donnés.

250. Tracer les abaques précédents sur du papier à double échelle logarithmique. — La relation $z = xy$ écrite sous la forme

$$\log z = \log x + \log y$$

donne en portant $\log x$ et $\log y$ en ordonnées une famille de droites parallèles entre elles quand z varie. Reprendre les problèmes des exercices **245-250**.

POINTS ALIGNÉS.

251. Dans ce qui précède, on détermine des *points* par leurs coordonnées et l'on obtient une famille de courbes, lieux de points sur chacune desquelles on écrit une valeur du paramètre. On peut adopter un point de vue inverse : déterminer des *droites* par des coordonnées et grouper celles des droites qui passent par un point fixe.

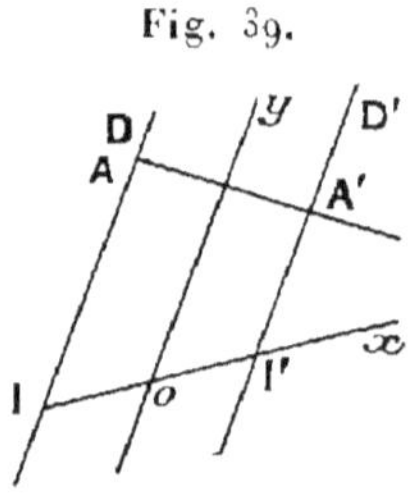

Prenons deux droites fixes parallèles D, D' (par exemple). Une droite variable est parfaitement déterminée si l'on connaît (par leurs abscisses) les points où elle coupe les droites d et d'. Ces abscisses

Fig. 39.

comptées à partir des origines I, I', soient $IA = u$, $IA' = v$, seront dites *les coordonnées* de la droite AA' (7). Établir l'équation de cette droite par rapport à II' prise pour axe des x et la parallèle équidistante à D, D' pour axe des y. On trouvera

$$(u - v)x - 2ay + a(u + v) = 0.$$

Chercher la condition qui doit exister entre u et v pour que la droite passe par un point fixe $x_0 y_0$. Cette condition est

$$(u - v)x_0 - 2a y_0 + a(u + v) = 0$$

ou encore

$$u(x_0 + a) + v(a - x_0) - 2a y_0 = 0.$$

Elle est linéaire en u et v. Et inversement toute relation linéaire en u et v, soit

$$\alpha u + \beta v + \gamma = 0$$

représente le point $x_0 y_0$ tel que

$$\frac{x_0 + a}{\alpha} = \frac{a - x_0}{\beta} = \frac{-2a y_0}{\gamma},$$

d'où l'on tire

$$x_0 = a\,\frac{\alpha - \beta}{\alpha + \beta}, \qquad y_0 = -\,\frac{\gamma}{\alpha + \beta}.$$

252. *Applications* (d'Ocagne). — On porte sur D et D' **deux échelles métriques égales** : lieu du point x_0, y_0 en supposant $\frac{\beta}{\alpha}$ constant : x_0 est constant, le lieu est une droite. Ceci permet de représenter le nombre $\alpha x + \beta y$ (α et β donnés). On construit la droite d'abscisse $x = \frac{\alpha - \beta}{\alpha + \beta}$. On la gradue à l'échelle métrique avec l'unité $\frac{1}{\alpha + \beta}$. Il n'y a plus alors qu'à joindre les points respectivement marqués x sur D, y sur D'. l'intersection avec Δ donne un point qui est côté $-\gamma$ ou $y_0(\alpha - \beta)$.

Passer de là à la représentation de $z = x^m y^p$ ou

$$\log z = m \log x + p \log y.$$

On gradue D et D' en échelles logarithmiques, et l'on est ramené au cas précédent : m et p remplacent α et β. La droite Δ devra être graduée en échelle logarithmique avec l'unité $\dfrac{1}{m+p}$. Le même abaque, sur lequel sont tracées plusieurs droites Δ (m et p variant), permet de traiter tous les problèmes pratiques relatifs à des formules monomes telles que la précédente (m et p peuvent être fractionnaires ou négatifs.

253. Représenter la relation à trois variables u, v, t

$$\alpha u + \beta v + \gamma = 0,$$

α, β et γ étant fonctions données de t. On construit d'abord le lieu Δ des points x_0, y_0 donnés par les formules de l'exercice 252 (courbe donnée paramétriquement, le paramètre est t). On gradue cette courbe en inscrivant à côté de chaque point la valeur de t correspondante. Ceci posé, pour avoir la valeur de t qui correspond à des valeurs données de u et v, on joint les points u et v sur D et D'; cette droite coupe la courbe Δ en un point dont t est le nombre cherché. On aura aussi aisément u connaissant v et t.

254. Généraliser, en supposant que u **est une fonction d'une variable** x, v **une fonction d'une variable** y. — On peut aussi représenter toutes les relations entre trois variables x, y et t qui peuvent se mettre sous la forme

$$u(x)\alpha(t) + v(y)\beta(t) + \gamma(t) = 0.$$

Exemples. — On suppose le rapport $\dfrac{\beta(t)}{\alpha(t)}$ indépendant de t; Δ est alors une droite; appliquer à

$$x^2 + y^2 = t^2, \qquad u = x^2, \qquad v = y^2, \qquad \gamma = -t^2, \qquad \alpha = \beta = t,$$

graduations en carrés d'abscisses.

255. Formule d'intérêts composés pour un taux déterminé

$$\log A = \log C + n \log(1 + r);$$

on a

$$\log(1 + r) = \alpha, \quad \beta = 1, \quad \gamma = -\log A \quad (A = t),$$
$$n = x, \quad C = y,$$

échelles métriques sur D, logarithmiques sur D' et sur Δ qui est, naturellement, une droite.

256. Équations trinomes. — Représenter

$$t^m + a t^p + b = 0.$$

On a

$$a = x, \quad b = y, \quad t^p = \alpha, \quad 1 = \beta, \quad t^m = \gamma.$$

Le point x_0, y_0 est ici

$$x = \frac{t^p - 1}{t^p + 1}, \quad y = \frac{-t^m}{t^p + 1}.$$

Appliquer à la résolution de l'équation du second degré $m = 2$; $p = 1$. Δ est une conique. Résolution de l'équation trinome du troisième degré $p = 1$; $m = 3$. Prendre comme exemples les équations déjà traitées dans la dixième série.

FIN.

TABLE DES MATIÈRES.

FIN DE LA TABLE DES MATIÈRES.

53914   PARIS. — IMPRIMERIE GAUTHIER-VILLARS ET Cⁱᵉ.

Quai des Grands-Augustins, 55.